DeepSeek
行业应用大全（微课视频版）

刘明昊　编著

·北京·

内容提要

本书是一部面向大众的 AI 实用指南，专注于国产 AI 助手 DeepSeek 的应用场景。内容涵盖多个方面：从基础操作到提问技巧，从写作优化到编程辅助，再到职场效率提升，确保读者能够在实际使用中快速掌握 DeepSeek 的核心功能。无论是想要提升工作效率、激发创意灵感，还是优化学习方式、改善生活质量，本书都提供了实用的技巧和案例示范，让 DeepSeek 成为读者的万能助手。

此外，本书特别强调互动性和实操性，通过趣味应用、案例对比、提问优化练习等方式，帮助读者真正理解并学会如何与 DeepSeek 高效沟通。本书内容讲解通俗易懂、贴近生活，旨在降低 DeepSeek 的使用门槛，让每个人都能享受智能时代的便利，开启属于自己的科技未来。

无论是职场人士、学生、自由职业者、内容创作者，还是希望提升生活质量的普通用户，都能从中受益。对于职场人士，本书提供提升办公效率的 DeepSeek 技巧，如文档整理、数据分析和会议记录优化；对于学生，DeepSeek 可以成为学习助手，优化写作、语言学习和编程实践；对于自媒体创作者，本书展示如何利用 DeepSeek 激发创意、优化文案和制作爆款内容；而对于日常用户，DeepSeek 能帮助规划旅行、管理家务、提供健康建议，让生活更加便捷。

图书在版编目（CIP）数据

DeepSeek 行业应用大全：微课视频版 / 刘明昊编著．
北京：中国水利水电出版社，2025.4．--ISBN 978-7-5226-3369-5

Ⅰ．TP18

中国国家版本馆 CIP 数据核字第 202586NZ00 号

书　名	DeepSeek 行业应用大全（微课视频版） DeepSeek HANGYE YINGYONG DAQUAN (WEIKE SHIPINBAN)
作　者	刘明昊　编著
出版发行	中国水利水电出版社 （北京市海淀区玉渊潭南路 1 号 D 座 100038） 网址：www.waterpub.com.cn E-mail：zhiboshangshu@163.com 电话：（010）62572966-2205/2266/2201（营销中心）
经　售	北京科水图书销售有限公司 电话：（010）68545874、63202643 全国各地新华书店和相关出版物销售网点
排　版	北京智博尚书文化传媒有限公司
印　刷	河北文福旺印刷有限公司
规　格	170mm×240mm　16 开本　13.75 印张　260 千字
版　次	2025 年 4 月第 1 版　2025 年 4 月第 1 次印刷
印　数	0001—3000 册
定　价	69.90 元

凡购买我社图书，如有缺页、倒页、脱页的，本社营销中心负责调换
版权所有·侵权必究

前　　言

　　人工智能(AI)正在改变世界,而这一变化的速度,可能比你想象得更快。过去,AI 还只是科幻电影中的想象,如今,它已经成为我们生活的一部分——它帮你整理日程、优化写作、规划旅行,甚至成为你的学习助手和创意伙伴。从最早的搜索引擎,到智能语音助手,再到如今的深度学习模型,AI 的发展已经走过了一个漫长的过程。而现在,DeepSeek 等国产 AI 的崛起,让 AI 真正走进了我们的日常,让每个人都有机会体验科技带来的便利。

　　但问题也随之而来:面对 AI 的飞速进步,我们该如何适应? AI 会取代人类的工作吗? 普通人如何利用 AI 提升自己,而不是被科技淘汰? AI 会让创意消失,还是会让创造力得到空前的释放?

　　当 ChatGPT 在全球掀起热潮时,越来越多的人开始尝试与 AI 对话、让 AI 写文章、生成代码、提供咨询……但很多人发现,ChatGPT 虽然强大,但在中文环境下,它仍然存在不少问题,如不太懂我们的网络用语,无法精准理解某些表达,甚至在回答一些本土化问题时显得不够自然。而 DeepSeek 的出现,打破了这一局限,它基于本土化训练,能够理解更复杂的语境,识别方言和流行语,让互动变得更贴合中文用户的需求。

　　更重要的是,DeepSeek 不仅仅是一个聊天工具,还是一个真正的 AI 助手。它能帮助你优化工作流程,提升写作效率,解决学习难题,甚至在生活琐事上提供智能建议。从文本创作到编程辅助,从自媒体内容策划到职场效率提升,DeepSeek 的能力远远超出了简单的"问答"模式,它能真正成为你的智能思维外挂,让你将时间和精力投入到更有价值的事情上。

　　很多人担心,AI 的崛起会让许多职业消失,但事实是,每一次科技革命都会带来新的机遇。印刷术的出现并没有让写作消失,反而让更多人有机会成为作家;计算机的普及并没有让人变得笨拙,反而提升了我们的计算和数据处理能力;如今,AI 的到来,并不是为了取代人类,而是为了增强人的能力,让每个人都能更加高效、更有创造性地工作。

　　真正应该担心的,不是 AI 的发展,而是我们是否掌握了使用 AI 的能力。如果你会使用 AI,你就可以用更少的时间完成更多的事情,让自己从重复性劳动中解放出来,把时间花在更有价值的创造上;如果你不会使用 AI,你的竞争力就可能会逐渐被时代抛下。AI 不会取代你的工作，但那些会用 AI 的人，可能会取代不会用 AI 的人。

本书会带你学到什么？

- **如果你是 AI 新手**，会带你了解 AI 的基本功能，从注册到使用，再到如何优化你的提问方式，让 AI 的回答更精准、实用。
- **如果你希望提升生活质量**，会向你展示 AI 如何帮你管理日常事务，如健康咨询、健身规划、家庭收纳、旅行行程等，让生活更加有条理。
- **如果你想提高工作和学习效率**，会教你如何用 AI 加速写作、优化文案、整理会议纪要、分析数据，甚至生成 PPT，帮助你在职场中更高效地完成任务。
- **如果你是自媒体创作者或创业者**，会教你如何用 AI 进行头脑风暴、策划短视频、生成创意文案，让你创作的内容更加吸引人。
- **如果你正在学习编程或从事技术开发**，会向你展示 AI 如何帮助你阅读代码、优化 SQL 查询、调试 Bug，甚至编写小型程序，让开发工作更加轻松。
- **如果你在学习英语**，会告诉你如何用 AI 改进写作、翻译文本、优化语法，甚至为考试做准备，让你的英语表达更流畅。
- **如果你对 AI 的未来发展感兴趣**，会带你探索 AI 如何影响社会，如何平衡技术进步与伦理责任，以及如何在智能时代中找到自己的位置。

AI 并不是某些科技公司的专属，它是属于每个人的工具。它的强大，不是因为它本身，而是因为我们如何使用它。你可以选择成为旁观者，看着科技变化而不做任何尝试；也可以选择成为探索者，主动学习如何与 AI 合作，让它为你提供帮助，提升你的创造力和效率。

我们正站在一个新的时代起点，AI 将会像互联网一样，深入改变我们的生活方式、工作模式，甚至思维习惯。而我们每个人，都完全可以成为这场变革的一部分，掌握 AI 的使用方法，让自己在智能时代中拥有更多选择和可能性。

本书特色

本书围绕国产 AI 助手 DeepSeek 展开，旨在让读者深入了解 AI 如何融入日常生活、职场和创意表达，并且通过实际案例和互动实验，快速上手使用 AI，提高个人效率和创造力。与传统技术类书籍不同，本书采用通俗易懂、互动性强、案例丰富的方式，帮助零基础用户也能轻松理解和使用 AI。

1. 贴近生活的实用指南

本书并不是一本枯燥的技术解析书，而是一本面向普通用户、职场人士、自媒体创作者及学生的实用指南。书中涵盖了从日常生活到职场办公、从写作创意到编程学习的多个场景，确保不同需求的读者都能找到适合自己的内容。无论是想提高写作能力、优化学习方法，还是利用 AI 进行健康咨询、旅行规划，本书都提供了详细的指引和示例。

2. 易上手，零门槛

AI 不再是高深莫测的技术，而是可以像使用手机 App 一样简单。本书采用了大量的对话示例、操作截图和详细步骤，让读者可以按照书中的指引一步步实践，而不必具备专业的编程或 AI 知识。即使是从未接触过 AI 工具的读者，也能在短时间内掌握其基本使用方法，并通过练习提升互动技巧。

3. 案例驱动，互动体验

每个章节都配有真实案例和模拟对话，展示如何利用 DeepSeek 优化问题描述，提高 AI 的回答质量。更重要的是，书中专门设计了详尽的提示词对比分析和案例回放总结部分，鼓励读者实际输入问题、体验 AI 的回答，并对比不同的提问方式如何影响最终结果。这样不仅让学习过程更加有趣，也能帮助读者掌握 AI 的高效沟通方法。

4. 本土化优势，国产 AI 的独特魅力

传统外资 AI 在中文语境下往往存在理解误差，而 DeepSeek 作为国产 AI，经过深度本土化训练，能够准确理解中文语境、网络流行语、方言及文化背景。本书通过对比实验展示 DeepSeek 在这些方面的强大能力，让读者更加信赖并愿意尝试国产 AI。

5. 涵盖多个应用场景，满足不同需求

本书的内容不仅涉及 AI 的基本原理，还深入探讨了如何将 AI 应用于学习、写作、职场办公、编程、健康管理、旅行规划、创意表达等多个方面。无论你是想用 AI 优化文案、辅助论文写作、提升英语能力，还是希望 AI 帮助你理财、制订健身计划、安排旅行，本书都能提供实用技巧和案例，让 AI 真正成为你的万能助手。

学习指导

本书适用于所有对 AI 感兴趣的读者，无论你是刚接触 AI 的新手，还是希望深入探索 AI 应用的进阶用户，都可以按照自己的需求阅读。本书结构清晰，每章都围绕一个特定主题展开，读者可以根据兴趣和需求选择性阅读，而无须从头到尾逐章学习。

本书的前两章专注于 DeepSeek 的基本功能介绍、注册和使用方法及原理，并通过案例演示如何优化提问技巧，以获得更精准的 AI 回答。如果你是 AI 初学者，建议从第 1 章开始，先学习基本交互方式，再逐步探索更多应用场景。

本书的章节划分清晰，每一部分都聚焦于一个实际应用场景：

第 3 章介绍如何让 DeepSeek 成为你的生活助手，帮助管理健康、运动、亲子教育和家庭事务。

第 4 章专注于写作与创作，指导你如何用 DeepSeek 优化文案、生成文章、润色作文。

第 5 章适合自媒体从业者，展示如何用 DeepSeek 激发创意、生成爆款文案。

第 6 章针对英语学习者，帮助你提升翻译、写作和口语表达能力。

第 7 章适合编程爱好者，介绍 DeepSeek 如何帮助学习编程、调试代码、优化 SQL 查询等。

第 8 章主要面向职场人士，提供办公自动化、数据分析、文档生成等方面的 DeepSeek 应用指南。

读者可以根据自己的兴趣挑选章节，或者按照需求查阅特定内容，快速找到 DeepSeek 在特定场景中的最佳用法。

售后服务与支持

尊敬的读者，感谢你选择本书。我们致力于为你提供最高质量的内容和持续的支持，以确保你能够充分利用本书中的知识和技能。

1. 电子邮件支持

如果你在阅读过程中遇到任何疑问，或需要进一步指导和帮助，请随时通过以下电子邮件地址与作者联系：yn.liuminghao@gmail.com，请在邮件主题中注明"书籍咨询"，以便我们能够及时识别和回应你的需求。

2. 关注公众号

使用手机微信"扫一扫"功能扫描下面的二维码，或者在微信公众号中搜索"人人都是程序猿"公众号，关注后输入图书封底的 13 位 ISBN 至公众号后台，即可获取本书的各类资源下载链接。将该链接复制到计算机浏览器的地址栏中，根据提示进行下载（注意：不要点击链接直接下载，不能使用手机下载和在线解压）。关注"人人都是程序猿"公众号，还可以获取更多新书资讯。

3. 加入学习交流圈

读者也可以加入本书的学习交流圈和 QQ 学习交流群（1032666337），查看本书的资源下载链接和进行在线交流学习。

人人都是程序猿

本书的学习交流圈

目 录

第 1 章 相遇 DeepSeek：让国产 AI 走进生活 001

1.1 国民级 AI 的首次呼唤，年轻人不想错过的浪潮 001
- 1.1.1 精准的本土化训练，让中文理解更自然 002
- 1.1.2 识别方言、网络流行语，沟通更接地气 002
- 1.1.3 更符合中国人使用习惯的交互方式 002

1.2 首次上手：AI 竟然可以这么有趣 003
- 1.2.1 DeepSeek 注册登录与 App 下载 003
- 1.2.2 基本操作：DeepSeek 主界面与交互方式 006
- 1.2.3 体验反馈：常见问题与解决方案 008

1.3 从第一场对话中发现的小窍门 009
- 1.3.1 提问技巧：如何优化你的问题 009
- 1.3.2 对话调整：逐步优化 AI 的回答 009

1.4 从 ChatGPT 到本土技术：国产 AI 的神操作 011
- 1.4.1 ChatGPT 的中文局限性 011
- 1.4.2 DeepSeek，优化后的中文 AI 体验 012
- 1.4.3 DeepSeek & ChatGPT 013

第 2 章 探秘 DeepSeek：LLM 背后的奥秘 016

2.1 LLM：一口气看懂的 AI 原理 016
- 2.1.1 LLM 的定义与基础概念 016
- 2.1.2 LLM 的核心架构：Transformer 及其演进 018

2.1.3　LLM是如何"思考"的 019

2.2　深度解析LLM：让AI真正理解你的话 020

　　2.2.1　NLP的基础知识 020

　　2.2.2　让AI具备更强的理解能力 022

　　2.2.3　让AI的回答更精准 023

　　2.2.4　从LLM到更强的AI：增强学习与混合技术 023

2.3　中文特训：方言、网络梗轻松识别 025

　　2.3.1　中文NLP的特殊性 025

　　2.3.2　让AI适应中文的关键技术 026

　　2.3.3　AI如何理解方言、网络用语与俚语 028

第3章　把日常变有趣：你的AI万能助手 030

3.1　家庭医生Lite：基础健康与就医建议 030

　　3.1.1　孩子夜里发烧：如何冷静应对并有效处理 030

　　3.1.2　突发肠胃不适：饮食调理与就医判断指南 032

　　3.1.3　皮肤上出现红疹：如何判断原因并正确处理 034

3.2　私人健身教练：一键生成运动规划&餐单 036

　　3.2.1　减脂计划：如何科学制订高效减脂计划 037

　　3.2.2　无器械居家训练：如何用DeepSeek科学制订无器械
　　　　　 居家训练计划 039

　　3.2.3　科学训练：如何科学训练以备战马拉松 041

3.3　亲子助手：功课、兴趣、手工DIY全搞定 044

　　3.3.1　功课辅导：如何高效辅导孩子功课 044

　　3.3.2　兴趣培养：如何科学激发孩子的学习动力 048

　　3.3.3　节日手工：如何和孩子一起制作孔明灯，寓教于乐地
　　　　　 体验元宵节传统 051

3.4　家庭收纳&家务管理：营造整洁有序的家居环境 053

　　3.4.1　清洁小妙招：如何让DeepSeek生成高效实用的

　　　　　清洁小妙招 053
　　　3.4.2 家庭收纳：如何让 DeepSeek 生成符合需求的
　　　　　家庭收纳指南 055
　　　3.4.3 家务分工：如何让 DeepSeek 提供更精准的
　　　　　家务分工方案 057
　3.5 守好钱包：理财、预算和安全小贴士 059
　　　3.5.1 个人财务管理：如何优化收入与支出，建立长期
　　　　　财富积累 059
　　　3.5.2 基金投资：如何选择合适的基金以实现资产增值 061
　　　3.5.3 理性消费：如何在日常生活中作出理性消费决策 ... 063
　3.6 旅行规划不踩坑：行程、美食、交通一条龙 066
　　　3.6.1 行程规划：如何通过 DeepSeek 规划一次
　　　　　完美的旅行 066
　　　3.6.2 美食之旅：如何用 DeepSeek 找到真正
　　　　　值得一试的餐厅 068
　　　3.6.3 交通规划：如何高效制定旅行的交通路线 071
　3.7 情感与心理：减压与陪伴的暖心功能 073
　　　3.7.1 情绪疏导：如何通过 DeepSeek 获取有效的
　　　　　情绪管理建议 073
　　　3.7.2 修复人际关系：如何通过 DeepSeek 获取修复
　　　　　关系的具体建议 075
　　　3.7.3 应对孤独：如何向 DeepSeek 提出更有效的问题来
　　　　　缓解孤独感 078
　3.8 章节回顾 080

第 4 章　让创作更有趣：你的 AI 文字"外挂" 082
　4.1 阅读秒杀：文章要点轻松提炼 082
　　　4.1.1 职场报告提炼：如何精准地让 DeepSeek 帮助

提炼职场报告 082
  4.1.2 网课笔记整理：如何精准地让 DeepSeek 帮助整理
    网课笔记 084
  4.1.3 法律 / 合同解读：如何用 DeepSeek 高效理解
    法律 / 合同条款 087
4.2 写作加速：从灵感到成稿，只需给 DeepSeek 一句话 089
  4.2.1 短篇小说起草：如何用 DeepSeek 生成符合
    设定的故事开头 089
  4.2.2 撰写影评：如何用 DeepSeek 帮助写出
    深度影评 091
  4.2.3 旅行游记：如何用 DeepSeek 写出生动的
    旅行记录 093
4.3 作文 / 论文辅导：学生党和职场达人都适用 095
  4.3.1 竞赛作文优化：用 DeepSeek 提升文章质量，
    让竞赛作文脱颖而出 095
  4.3.2 职场调研报告：如何精准引导 DeepSeek 撰写
    职场调研报告 099
  4.3.3 论文引用管理：如何用 DeepSeek 高效整理和
    规范引用 101
4.4 风格百变：让文字随心而变，创意十足 104
  4.4.1 短信 / 社交媒体不同语气转换：如何精准引导
    DeepSeek 调整语气 104
  4.4.2 品牌故事改写：如何用 DeepSeek 优化品牌叙述，
    增强情感共鸣 106
  4.4.3 道歉信优化：如何让文字打动人心并传递
    真实情感 108
4.5 章节回顾 110

第 5 章　让创意一触即发：脑洞大开玩转自媒体 ... 111

5.1　自媒体爆款创意文案：标题党 & 干货流 ... 111
5.1.1　美食探店文章：如何让 DeepSeek 生成夸张、吸睛的标题 ... 111
5.1.2　健身干货分享：如何在 DeepSeek 的帮助下在 1 个月内练出马甲线 ... 112
5.1.3　财经热点解析：如何通过精准提问获得深刻的财经分析 ... 115

5.2　头脑风暴神器：激发你的天马行空 ... 117
5.2.1　短视频创意：用 DeepSeek 帮助打造爆款短视频脚本 ... 117
5.2.2　品牌营销活动：用 DeepSeek 策划一场成功的品牌营销活动 ... 119
5.2.3　电影剧本创作：构建一个被掩藏的外星社会 ... 121

5.3　DIY 与艺术表达：DeepSeek 带你获取巧思灵感 ... 123
5.3.1　手工 DIY 项目：如何通过精确的提问创作独特的手工艺术品 ... 124
5.3.2　绘画创意灵感：如何融合不同风格，创造出个性画作 ... 125
5.3.3　个性化歌曲创作：如何打造独特的歌词与押韵方案 ... 127

5.4　章节回顾 ... 130

第 6 章　不再为英语头疼：轻松解决你的英语难题 ... 131

6.1　斩断"中式英语"：地道表达从此不难 ... 131
6.1.1　修正商务英语邮件用语：如何用 DeepSeek 提高邮件沟通的专业性 ... 131

  6.1.2 语言学习辅助和词汇扩展：如何用 DeepSeek 提升英语词汇量 133

  6.1.3 社交媒体英文发贴：如何写出吸引关注的社交媒体内容 136

6.2 考试场景：四六级、考研、雅思/托福的 DeepSeek 辅助 137

  6.2.1 作文批改：如何利用 DeepSeek 改正英语作文中的语法错误并提升用词准确性 137

  6.2.2 阅读理解提炼：如何利用 DeepSeek 高效提炼文章主旨和关键信息 139

  6.2.3 口语考试模拟：如何通过 DeepSeek 提升口语考试成绩 142

6.3 职场英语：职场谈判、会议总结，商务场合不再慌 144

  6.3.1 简历优化：如何提升英语简历以吸引招聘方 145

  6.3.2 会议记录总结：如何高效总结会议要点并形成清晰记录 148

  6.3.3 撰写英语报告：如何撰写一份结构清晰、专业的英语报告 150

6.4 章节回顾 153

第 7 章 让代码唾手可得：编程也能 so easy 154

7.1 "小白"学编程？DeepSeek+低代码大势所趋 154

  7.1.1 生成简易计算器：如何引导 DeepSeek 生成高效、实用的计算器代码 154

  7.1.2 自动化 Excel 任务：如何让 DeepSeek 生成高效的 Excel 处理代码 157

  7.1.3 游戏开发入门：如何使用 Unity 构建第一个游戏 ... 160

7.2 查语法、读代码、SQL 与正则全搞定 164

7.2.1 阅读开源项目代码：面对复杂的开源项目代码，
如何高效理解 164

7.2.2 SQL 查询优化：如何有效地优化 SQL 查询 168

7.2.3 正则表达式匹配：如何精确设计正则表达式 170

7.3 章节回顾 172

第 8 章　让工作快起来：通过 DeepSeek 提升职场效率 173

8.1 私人助理：文档策划、会议纪要事半功倍 173

8.1.1 策划商业计划书：如何编写一份完整、专业且具有
说服力的创业计划书 173

8.1.2 会议纪要自动生成：如何构建一套高效、智能的自动化
会议纪要解决方案 176

8.1.3 日程规划优化：如何让 DeepSeek 高效优化
日程规划 178

8.2 数据 & 可视化：从文字洞察到图表思路 180

8.2.1 数据分析报告生成：如何精准生成数据分析报告 ... 180

8.2.2 市场调研数据整理：如何系统化整理市场
调研数据 184

8.2.3 竞品分析表：如何精准对比竞争产品，获取关键
市场情报 186

8.3 软件实操：PPT、Word、协同平台全拿下 188

8.3.1 PPT 操作小妙招：如何精准向 DeepSeek 询问以提高
PPT 制作效率 188

8.3.2 Word 批量修改：如何精准向 DeepSeek 询问高效的
文档编辑技巧 190

8.3.3 协同平台任务分配：如何精准向 DeepSeek 询问高效
的任务管理方案 194

8.4 章节回顾 196

附录 A　50 个脑洞大开的 AI 挑战 197

附录 B　AI 的另类思考 200

后记 202

第 1 章　相遇 DeepSeek：让国产 AI 走进生活

> AI 已经深刻影响我们的生活，但你是否发现，很多国外 AI 在中文环境下显得"水土不服"？DeepSeek 的出现，改变了这一切。作为一款本土化训练的国产 AI，它不仅懂中文，还能理解网络流行语、方言，甚至帮你调整表达方式，让对话更自然。本章将带你认识 DeepSeek 的核心优势，亲自体验从注册到互动的全过程，并解锁 AI 使用小技巧。无论是写作创意、效率提升，还是简单的生活小事，它都能成为你的贴身智能助手。准备好迎接你的第一场 AI 对话了吗？

1.1　国民级 AI 的首次呼唤，年轻人不想错过的浪潮

在过去的几年里，AI 技术已经成为全球科技领域最炙手可热的话题。从早期的 AI 助手到如今的深度学习大模型，AI 不仅彻底改变了我们的工作和生活方式，更引领了新一轮的科技革命。

2020 年后，AI 的进步速度迎来了质的飞跃，OpenAI 旗下的 ChatGPT 让全球用户体验到了强大的语言生成能力，也让"AI 写作""AI 绘画""AI 编程"等概念迅速破圈。与此同时，国内外科技巨头纷纷布局 AI 赛道，争相推出自己的大模型。AI 的应用场景不断扩展，从简单的问答、文本生成，到编写代码、医学诊断、金融分析等几乎无所不能。

然而，尽管这些国外 AI 工具表现优异，却始终在中文语境下存在局限性。无论是语义理解的准确度，还是对中国文化、社会语境的掌握，国外 AI 的能力仍然有所欠缺。面对这样的现实，国产 AI 的崛起成为必然。DeepSeek 作为新一代国产 AI，正以惊人的速度冲入人们的日常生活，让中文用户获得更好的智能体验，而究竟是什么原因让 DeepSeek 成为国民级 AI 的呢？

1.1.1 精准的本土化训练，让中文理解更自然

在研发过程中，DeepSeek 重点针对中文进行了大规模数据训练，相比 ChatGPT 这样的国外 AI，在中文理解、语义捕捉、歧义消除等方面表现更加出色。例如，"牛"这个词在不同语境下可以表示"强大""动物""吹牛"，DeepSeek 能够准确理解其含义，并根据上下文给出符合语境的回答。

此外，DeepSeek 对成语、谚语、诗词、典故等文化元素的理解远超国外 AI。例如，当用户输入"破釜沉舟"时，DeepSeek 不仅能够给出成语释义，还能结合历史背景解释其由来，甚至可以提供与之相关的故事案例。

1.1.2 识别方言、网络流行语，沟通更接地气

国外 AI 在处理中文方言、俚语、网络流行语时常常出现翻车现象。例如，当用户输入"我 emo 了"时，ChatGPT 可能会误解为情绪低落，而 DeepSeek 则能准确识别到这是一种网络表达方式，并用相应的口吻进行回应，甚至能够提供幽默风趣的安慰。

此外，DeepSeek 还能理解并生成带有地域特色的表达。例如，南方人常说的"搞事情"是指"制造话题、引起关注"，而不是字面意义上的"做事"；四川话中的"巴适"是指"非常舒服、合适"，这些微妙的语言特性都在 DeepSeek 的语言模型训练中得到了充分考虑。

1.1.3 更符合中国人使用习惯的交互方式

DeepSeek 采用了更加符合中国人使用习惯的交互方式，在对话逻辑、语气表达等方面都进行了优化。相较于国外 AI 可能偏向正式、标准的回复，DeepSeek 更懂得如何用幽默风趣、接地气的方式与用户互动。

例如，当你早上对 AI 说"早上好"时，DeepSeek 的回复和思考过程如图 1.1 所示，而 ChatGPT 的回复如图 1.2 所示。

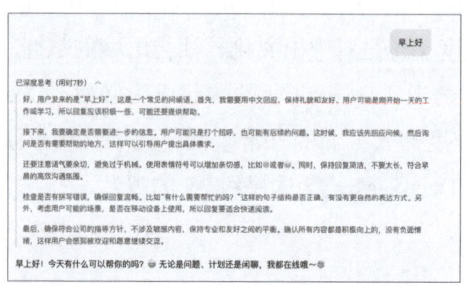

图 1.1 DeepSeek 的回复和思考过程

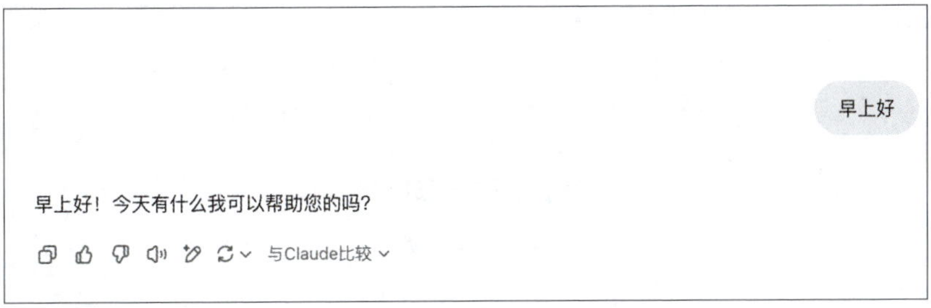

> 早上好
>
> 早上好！今天有什么我可以帮助您的吗？

图 1.2　ChatGPT 的回复

这样的细微差别，让 DeepSeek 在用户体验上更具亲切感，仿佛是一个"懂你"的朋友，而不仅仅是一个冷冰冰的机器人。

DeepSeek 不仅仅是一个 AI 工具，更像是一个能陪伴你的智能伙伴。它懂你的语言、理解你的需求，甚至能用你的方式与你交流。从提高工作效率、激发创意，到优化生活方式，国民级 AI 正在成为越来越多人离不开的"生活助手"。

在这个 AI 技术飞速发展的时代，你还在犹豫要不要尝试吗？DeepSeek 已经准备好，让你在智能时代里快人一步，享受科技带来的便利。

1.2　首次上手：AI 竟然可以这么有趣

1.2.1　DeepSeek 注册登录与 App 下载

为了充分利用 DeepSeek 的强大功能，用户需要进行注册并访问 DeepSeek 官网。这不仅是使用 AI 助手的基础，也是后续各项智能应用顺利开展的前提。本小节将详细介绍 DeepSeek 的注册流程及具体使用，并引导用户完成首次 AI 交互。

1. 访问 DeepSeek 官网

进入 DeepSeek 官网后，用户可以看到图 1.3 所示的 DeepSeek 官网界面。在网页导航栏中找到"开始对话"按钮，单击该按钮进入图 1.4 所示的 DeepSeek 登录页面。

图 1.3　DeepSeek 官网界面

图 1.4　DeepSeek 登录页面

2. 注册及登录账号

用户可使用验证码或微信扫码等方式登录 DeepSeek，未注册用户可直接由此注册并登录。以验证码登录为例，输入手机号，单击"发送验证码"按钮并将验证码输入对应位置，阅读并选中"我已阅读并同意用户协议与隐私政策，未注册的手机号将自动注册"单选按钮，单击"登录"按钮，即可完成注册，跳转至图 1.5 所示的 DeepSeek 对话界面。

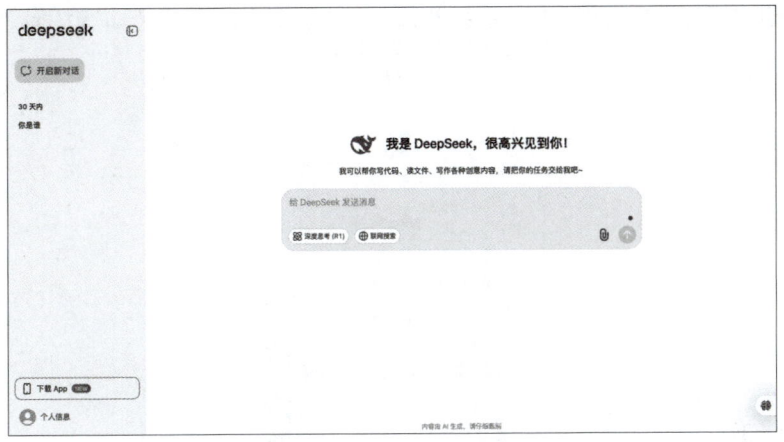

图 1.5　DeepSeek 对话界面

3. DeepSeek App 下载使用

如果用户希望在手机上随时随地体验 DeepSeek，可以前往应用商店下载官方 App，DeepSeek 官方 App 支持 iOS 和 Android。其中，iOS 用户可以在 App Store 中搜索 DeepSeek，点击获取；Android 用户可以在应用商店或国内主流应用市场（软件管家、腾讯应用宝等）搜索 DeepSeek，然后下载安装。

以 iOS 用户为例，如图 1.6 所示，点击"获取"按钮，开始下载。

下载完成后，打开应用，如图 1.7 所示。以验证码登录为例，输入手机号，点击"发送验证码"按钮并将验证码输入对应位置，阅读并选中"已阅读并同意用户协议与隐私政策，未注册的手机号自动注册"单选按钮，点击"登录"按钮，未注册用户直接完成注册登录。

图 1.6　在 App Store 中获取 DeepSeek

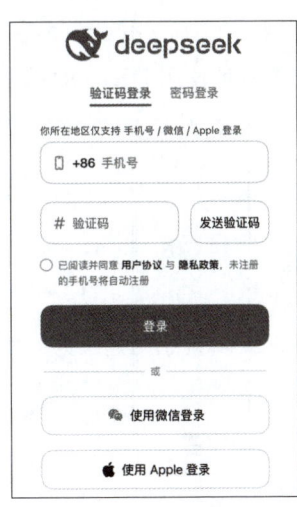
图 1.7　DeepSeek App 登录

登录完成后，出现图1.8所示的界面即为登录成功，可以开始正常对话使用了。

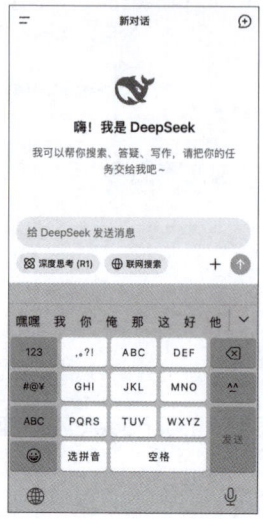

图1.8　DeepSeek App 主界面

1.2.2　基本操作：DeepSeek 主界面与交互方式

1. DeepSeek 基本使用

以网页端为例，用户成功登录后，将被引导到 DeepSeek 对话首页，如图1.9所示。该页面主要由以下两个区域组成。

A 区域：问答区，是 DeepSeek 的主要交互部分，也是用户与 DeepSeek 互动、探讨各类问题的主要区域，界面布局简单，操作流畅自如，能够快速上手。

B 区域：功能区，位于页面左侧，这里提供了诸多辅助功能，可以帮助用户更方便、更直观地使用 DeepSeek 的各项功能。

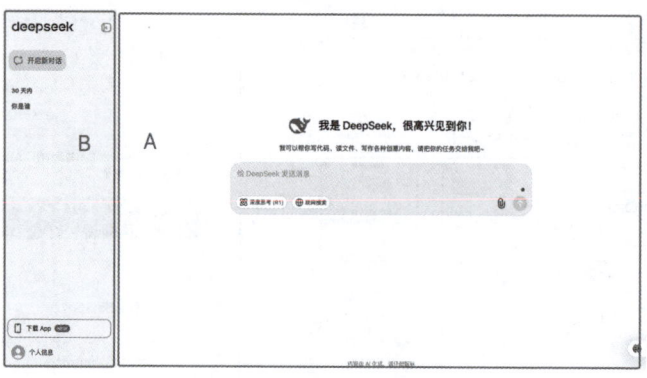

图1.9　DeepSeek 首页划分

2. 问答区

问答区是用户与 DeepSeek 交流的地方。用户可以在这里单击输入框输入他们的问题或请求，然后通过单击"发送"按钮 或按 Enter 键来提交问题。在提问时，用户可以自行决定是否开启"深度思考（R1）"功能和"联网搜索"功能，单击输入框中的对应按钮即可开启以上功能，开启时按钮为变色常亮状态，如图 1.10 所示。

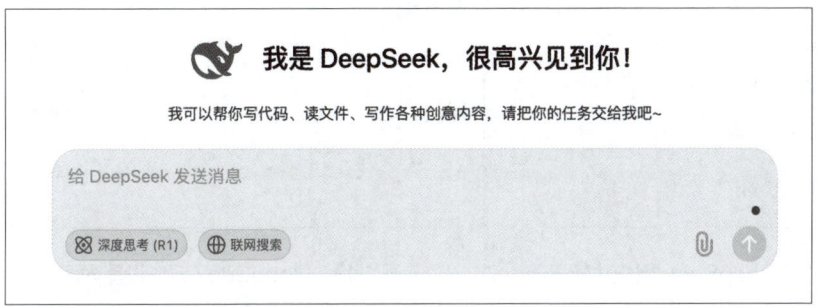

图 1.10　DeepSeek 开启"深度思考（R1）"功能和"联网搜索"功能

3. 功能区

功能区显示用户过去的对话记录。单击对话，用户可以查看以前的聊天，回顾信息或继续之前的对话。在图 1.11 中，"你是谁"就是一个历史对话的例子。用户可以单击该对话来查看和继续以前的聊天。单击对话条目右侧的三个点可展开对话的相关操作，可以对该对话执行重命名和删除操作。

图 1.11　DeepSeek 历史记录与对话的相关操作

如图 1.12 所示，用户可以单击功能区下方个人头像进入账户管理界面，单击"系统设置"按钮，可以对界面进行基本功能设置，如图 1.13 所示，选择语言环境、主题颜色等。

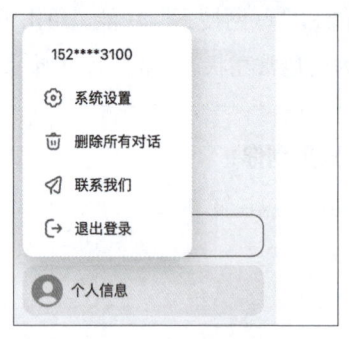

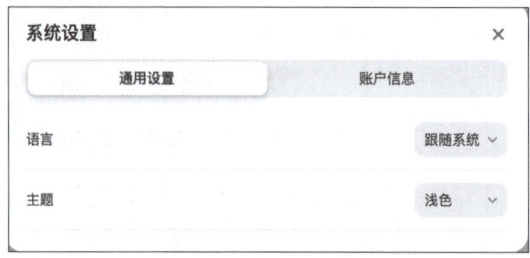

图 1.12　DeepSeek 用户功能界面　　　　图 1.13　DeepSeek 系统设置界面

1.2.3　体验反馈：常见问题与解决方案

在使用 DeepSeek 的过程中，用户可能会遇到一些常见问题，如 AI 回答不准确、对话风格不符合预期、服务响应较慢等。本小节将列举最常见的使用问题，并提供针对性的解决方案，帮助用户更流畅地与 AI 进行交互，提升使用体验。

1. 为什么 AI 的回答有时不准确

原因：AI 的回答基于训练数据，并不是真正的"思考"，需要用户提供更具体的背景信息，提高答案的精准度。

2. AI 回复太正式或不够幽默

原因：默认设置可能偏向正式风格，在提问时，说明需要"幽默一点"或"用轻松的语气"；或者在设置中修改 AI 的回复风格，使其更符合期望。

3. 如何提高 AI 生成内容的质量

原因：提问方式影响 AI 的回答质量。要明确主题和要求，避免简单问题，即提供具体的主题和详细要求，并在提问中包含关键提示词，帮助 AI 理解需求。

4. 收到"服务器繁忙，请稍后再试"的提示

原因：服务器负载过高，可能由于用户激增或网络攻击导致。需要等待一段时间后再尝试使用，或考虑使用 DeepSeek 的其他接入平台，如腾讯元宝，这些平台可能提供更稳定的服务。

1.3 从第一场对话中发现的小窍门

在使用 DeepSeek 进行对话时，我们不难发现，AI 的回答质量与提问方式密切相关。本节将介绍一些优化提问的技巧，帮助用户更高效地引导 AI，提升回答的精准度和实用性，还会探讨如何调整对话策略，以便逐步优化 AI 的响应。此外，通过总结技巧，用户可以学会如何快速获取精准、符合预期的答案。

1.3.1 提问技巧：如何优化你的问题

下面介绍提示词的使用原则。

提示词是用于引导 AI 执行特定任务的文本指令，能够帮助 AI 理解用户需求，提高输出的精准度。有效的提示词应遵循以下三个核心原则。

1. 清晰度：让 AI 轻松理解你的问题

✘ 欠佳示范："帮我写个故事。"

☑ 更佳示范："帮我写一个关于环保的短篇故事，主角是一棵会说话的树。"

清晰的提示词能够避免 AI 的误解，使回答更贴近你的需求。避免模糊表达，确保问题直截了当，这样 AI 才能更准确地理解任务。

2. 确定焦点：确保 AI 的输出集中在特定内容上

✘ 欠佳示范："给我一些健康建议。"

☑ 更佳示范："我每天需要在办公室里坐 8 小时，最近肩颈酸痛，如何改善？"

AI 会根据你的问题范围提供更合适的答案。避免宽泛问题，确保 AI 的回答不会跑题或过于泛泛而谈。

3. 相关性：问题应与期望答案紧密相关

✘ 欠佳示范："孔雀在哪里？"（过于简短且含糊。）

☑ 更佳示范："请详细描述一只在热带雨林中觅食的孔雀。"

AI 的回答质量很大程度上依赖于问题的完整性。提供足够的上下文信息，可以使 AI 的回答更贴合实际需求。

1.3.2 对话调整：逐步优化 AI 的回答

AI 的首次回答可能并不完全符合预期，但可以通过多轮交互不断优化。例如，调整 AI 的回复方式：

> 提问:"帮我写一个广告文案。"
> 回答:"欢迎体验我们的产品,它将给你带来惊喜!"
> 提问:"用幽默风格,面向年轻消费者。"
> 回答:"想要生活更有趣?快来试试我们的产品,保证让你惊呼'哇塞'!"

刚开始和 AI 对话时,它的回答可能不会完全符合预期,别担心,这是很正常的现象。通过多轮互动,可以逐步调整和优化 AI 的回答方式,让它更贴合需求。例如,可以细化问题,或者改变提问的角度,AI 会根据这些调整逐步改善回答。

而要获得更高质量的回答,关键还在于你如何引导 AI。在提问时,掌握一些常见的模式非常有帮助。例如,你可以用"解释模式"让 AI 详细说明某个概念,用"类比模式"帮助它通过对比来解释复杂问题,或者通过"列举模式"要求它列出具体的例子。不同的模式能帮助 AI 从不同的角度出发,给出更丰富、更精准的回答。常见的提问模式包含解释模式、类比模式、列举模式、对比模式、限制模式、转换模式、增改模式、翻译模式、模拟模式、推理模式。

解释模式:让 AI 详细讲解概念,如"什么是区块链?请用简单的语言解释。"

类比模式:用熟悉的概念解释陌生事物,如"量子计算和普通计算的区别,就像骑自行车和开高铁的区别。"

列举模式:请求 AI 列举多个相关内容,如"请列举五种最受欢迎的健身方式。"

对比模式:让 AI 比较两者的异同,如"请比较苹果和安卓系统的优缺点。"

限制模式:明确限制条件,如"请用不超过 100 字的方式介绍 AI。"

转换模式:要求 AI 调整输出方式,如"请把这段文字改写成新闻报道风格。"

增改模式:让 AI 对已有内容进行调整,如"请在这篇文章中增加案例。"

翻译模式:让 AI 在不同语言间转换,如"请把这段中文翻译成法语。"

模拟模式:模拟场景,如"请模拟一场面试对话。"

推理模式:要求 AI 基于已有信息进行逻辑推理,如"如果光速变慢,宇宙会发生什么变化?"

不同的模式适用于不同的任务,选择合适的提问方式,可以更快获取理想答案。

1.4 从 ChatGPT 到本土技术：国产 AI 的神操作

1.4.1 ChatGPT 的中文局限性

随着 ChatGPT 的出现，全球用户第一次感受到大语言模型的强大。它能流畅对话、写作、编程，甚至参与创意策划，让人惊叹于 AI 的进步。然而，尽管 ChatGPT 在英语语境下表现卓越，但在中文处理上存在以下局限。

1. 语境理解的偏差

虽然 ChatGPT 的训练数据包含中文，但其核心训练框架和语言模型仍然以英语为主。例如，在处理中文网络用语、双关语、成语时，它往往难以准确理解。例如：

> 用户：我今天"社恐"发作了。
> ChatGPT：你是说你有社交焦虑症吗？

ChatGPT 可能会按照字面意思理解，而忽略了"社恐"在年轻人中的引申含义，即"社交尴尬或不想社交"。

2. 文化背景的欠缺

ChatGPT 对欧美文化理解深入（例如，它能详细解析莎士比亚的作品或美国的选举制度），但在涉及中国历史、文化、文学时，往往显得生硬，甚至会有事实错误。例如，用户询问"《红楼梦》的结局是什么样子？"。

> 用户：《红楼梦》的结局是什么样子？
> ChatGPT：这是一本中国古典小说，结局与家庭兴衰有关。

虽然回答没错，但缺乏对贾宝玉的成长、家族命运与封建社会的批判等更深入的分析。而 DeepSeek 能结合更多背景信息，给出更符合中文读者期待的解答。

3. 对方言与流行语的适配性低

在面对中国各地方言或流行语时，ChatGPT 表现欠佳。例如：

> 用户：这个饭真的"嘎嘎香"！
> ChatGPT：你是说这道饭很美味吗？

虽然 ChatGPT 的理解大致正确，但无法展现出这一表达的网络氛围感，而 DeepSeek 则可以用更幽默、更贴近用户风格的方式回应。

1.4.2 DeepSeek，优化后的中文 AI 体验

而 DeepSeek 作为国产 AI，在语言适配、文化理解、表达风格等方面进行了深度优化，让中文用户在使用过程中能获得更自然、更贴近真实沟通体验的回答。

1. 深度理解中文语境

DeepSeek 经过大规模本土化训练，能准确理解中文用户的表达习惯。在网络文化、社交流行语等方面，DeepSeek 也能提供更符合中文用户表达习惯的答案。此外，DeepSeek 还能够理解古文、书面语和口语化表达之间的转换。例如，它能精准捕捉"这个人太虎了"的不同语境含义。

> **夸奖**：这人做事很有冲劲。
> **吐槽**：这人做事太冲动，考虑不周。

DeepSeek 不仅能理解中文表达习惯，还能更精准地根据语境提供恰当的语言风格。例如，在正式交流中，它会采用较严谨的表达方式；而在休闲聊天中，则更倾向于幽默风趣。

2. 方言和网络用语的高度适配

DeepSeek 的训练数据涵盖粤语、四川话、东北话等主要方言，能更自然地识别和生成具有方言特色的内容，如四川话的"巴适得很"，东北话的"嘎嘎好"，江浙地区的"老灵额"，都能精准识别并做出相应的语言风格调整。例如：

> **用户（广东人）**：今日咩天气？
> **DeepSeek**：今天天气几靓啊，记得带遮！（今天天气不错，记得带伞！）

在网络热梗方面，DeepSeek 也能紧跟潮流。例如：

> **用户**：今天上班真是"精神状态两极分化"。
> **DeepSeek**：上午打工人，下午摆烂人？

这种能力不仅让用户在使用 AI 时更加舒适，也使 DeepSeek 能够更精准地理解社会文化变化，并迅速适应语言潮流。

3. 更符合中文用户的表达风格

DeepSeek 的回答风格更符合中文用户的习惯，在正式、幽默、文艺、流行等不同风格之间切换自如。例如：

> **用户**：用文艺的方式表达"我饿了"。
> **DeepSeek**：人间烟火气最抚凡人心，而此刻我只想吃一碗热腾腾的牛肉面。

此外，DeepSeek 还能在商务、教育、娱乐等不同场景下调整表达方式。例如，在商务交流中，它能生成正式、专业的回复；而在社交平台上，则能运用流行词汇，使内容更加生动有趣。也正是因为 DeepSeek 的这些本土化优势，让它成为了更符合中文用户需求的 AI 助手。从日常交流到专业写作，从网络社交到方言互动，DeepSeek 都能提供更加贴近真实中文环境的体验。

1.4.3　DeepSeek & ChatGPT

当然，在 AI 语言模型的竞争中，DeepSeek 和 ChatGPT 都有各自独特的优势。DeepSeek 凭借低成本、高效能和专业性在某些特定领域表现出色，而 ChatGPT 则凭借其多功能性和强大的上下文理解能力成为更广泛用户的首选。那么，哪款 AI 更适合你的需求？下面从成本、专业性、多功能性等方面进行详细对比分析。

1. DeepSeek 的应用特点

DeepSeek 的最大竞争优势在于其惊人的成本效益。据报道，DeepSeek 的训练成本仅为其他大型语言模型的 1%，甚至低至 ChatGPT 的十分之一。DeepSeek-R1 的训练耗资约 550 万美元，仅使用了 2048 个 Nvidia H800 GPU，训练时间为 55 天。而与之相比，ChatGPT-4 的训练成本高达 1 亿美元以上，这意味着 DeepSeek 在计算资源的优化上更为高效，能够以更低的价格提供强大的 AI 服务。

对于开发者、学生、小型企业来说，DeepSeek 的低成本使其更具吸引力，降低了 AI 技术的应用门槛，使得更多个人和企业能够负担得起高质量的 AI 服务。而对于企业来说，较低的训练成本意味着 DeepSeek 的 API 使用费用可能比 ChatGPT 更低，能够更广泛地应用于商业自动化、内容生成、数据分析等场景。

DeepSeek 在某些特定领域，尤其是编程、研究、专业文献处理方面，展现出了比 ChatGPT 更高的准确性和效率。例如：

- **金融领域**：解析财报数据、提供股票市场趋势分析、优化投资组合建议。
- **医学领域**：在医学文献的阅读理解、病症分析上，提供更精准的参考答案。
- **法律领域**：解析法律条款，帮助律师和法律工作者进行案件研究和合规审查。
- **编程支持**：优化 SQL 查询、解读正则表达式，擅长算法设计和数学推理。

这些能力使 DeepSeek 成为技术人员和专业人士的理想选择，尤其是在需要高度精准答案的场景下，DeepSeek 的表现仍然游刃有余。

2. ChatGPT 的应用特点

ChatGPT 以其卓越的上下文理解能力脱颖而出，能够处理长对话、多轮交互，并在保持一致性和流畅度方面表现优秀。例如，在需要 AI 进行长篇文章总结、自动化报告撰写、客户支持等任务时，ChatGPT 能够凭借其上下文记忆能力，生成更加连贯的内容，而不会出现逻辑断裂。对于内容创作者、市场营销人员、社交媒体运营者而言，ChatGPT 的优势尤为明显。无论是创意写作、广告文案、邮件回复还是社交媒体推文，ChatGPT 都能够以自然、流畅且具有创意的方式生成内容。

ChatGPT 的另一大特点是广泛的适用性，它不仅能用于文本生成，还能够处理图像描述、翻译、代码解释等任务。无论是学术论文摘要、商业计划书编写，还是新闻报道撰写，ChatGPT 都能够提供一站式的文本处理能力。

此外，ChatGPT 的生态系统更加成熟，无论是 API 集成，还是各种插件支持，它都能无缝嵌入企业的 CRM、ERP、社交媒体管理平台等系统，成为提升办公效率的重要工具。

3. 各有千秋，各取所需

DeepSeek 和 ChatGPT 的对比，并不是一个"非此即彼"的选择题。它们在不同场景下，各自拥有独特的优势，二者的多维度对比详见表 1.1。

表 1.1　DeepSeek 与 ChatGPT 的多维度对比

比较维度	DeepSeek	ChatGPT
成本	训练成本低，提供更具性价比的 AI 服务	训练成本高，API 费用相对较高
专业性	编程、科研、法律、医学等领域表现更精准	适用于更广泛的应用，如写作、营销、头脑风暴
中文理解	对中文网络用语、方言、文化背景的理解更精准	对中文的理解较好，但在文化语境适配方面稍弱
上下文处理	专注于精确计算和技术分析，适合短文本任务	在长文本理解和对话生成上表现更优秀
适用用户	适合开发者、研究人员、需要精准 AI 服务的企业	适合内容创作者、市场营销、客户支持等日常应用

AI 技术正在以惊人的速度发展，未来我们将看到更多具有不同优势的 AI 模型崭露头角。DeepSeek 的出现，打破了大型语言模型的高成本壁垒，让更多人能够负担得起高质量的 AI 服务，为技术专业人士和企业应用提供了强有力的支持。而 ChatGPT 仍然在通用性和多功能性方面保持领先，适用于更广泛的应用场景。

在不久的未来，我们可能会看到：更加精准、低成本的 AI 模型，适用于特定行业的定制化应用；AI 生态系统的进一步完善，使得 AI 更容易集成到各种软件和服务中；AI 与人类协同工作的模式演进，使得 AI 能够真正成为企业和个人的智能助手。

综上所述，DeepSeek 和 ChatGPT 的竞争并不是零和游戏，而是百花齐放 AI 时代的缩影。用户可以根据自身需求，选择最适合自己的 AI 工具，以最大化地提高生产力、优化创意，享受 AI 带来的便利。

➡ 读书笔记

第 2 章 探秘 DeepSeek：LLM 背后的奥秘

> DeepSeek 为什么能像人一样流畅对话、能理解你的问题，并给出合理的回答？这一切的背后，是强大的大语言模型（Large Language Model，LLM）和自然语言处理（Nature Language Processing，NLP）技术。本章将用最通俗的方式，让你轻松理解 AI 的工作原理——从海量数据学习语言规律，到精准分析语境，再到生成符合需求的文本，同时，还会揭秘 DeepSeek 在中文特训上的独特能力，看看它是如何处理方言、俚语，以及网络流行语的。如果你想让 AI 更懂你，本章的内容一定不能错过！

2.1 LLM：一口气看懂的 AI 原理

当你与 AI 对话时，是否想过它是如何"理解"你的问题并给出恰当的回答？为什么它能用流畅的中文进行交流，甚至能写诗、生成故事、撰写新闻？这一切的核心，都归功于 LLM。

LLM 不是在"思考"，而是在进行概率预测。它就像一个超级高效的拼写助手，依靠统计规律、深度学习和数学计算，来预测最有可能的回答。当你输入一句话时，它会计算接下来最可能出现的词语，并将其组织成符合语言规律的句子。

那么，AI 是如何学习语言的？它与人类学习的方式有什么不同？它真的"理解"语言吗？要解答这些问题，我们需要先从 LLM 的基础概念开始说起了。

2.1.1 LLM 的定义与基础概念

你是否曾好奇，为什么如今的 AI 能够写作、翻译、聊天，甚至进行编程？这些看似不可思议的能力，其背后都依赖于 LLM。从 ChatGPT 到 DeepSeek，这些模型已经能够模拟人类思维方式，生成自然流畅的文本，甚至能根据上下文进行推理。

但 LLM 究竟是如何"思考"的？它又是如何从海量数据中学习语言的呢？本小节将带你深入探索 LLM 的核心原理，让你能够轻松理解这一领域的技术奥秘。

1. 什么是 LLM

LLM 是一种基于深度学习的 AI 系统，它通过学习大量的文本数据，掌握语言的规律，并通过统计方法生成符合逻辑的文本。简单来说，LLM 就像一个"过目不忘的阅读者"，它读了数万亿个词汇，学习了各种语言模式，然后在你输入一个问题或一句话时，基于学习到的知识，预测下一个最合理的单词，并逐步构建完整的回答。

AI 不会像人类一样理解每篇文章的含义，而是会分析其中的语言模式。例如，它会计算哪些单词经常一起出现，哪些句子结构最常见，从而建立起一套统计模型，想象一下，如果你想让 AI "学会"中文，则需要向它展示成千上万句中文文本，并让它通过分析这些文本中的结构、词汇、语法和语境来学习。AI 的学习过程，就是从这些数据中提取模式和规律，并通过数学模型进行优化。

在训练过程中，AI 会使用不同的学习方式来学习，可以自行分析文本，并发现其中的语言规律。例如，它可以发现"天气"和"晴朗"经常一起出现，从而推测两者有一定的关联；也可以通过人类反馈优化 AI 的回答，使其更符合人类的期望。例如，如果 AI 的回答过于机械化，训练者可以引导它生成更自然的表达。

2. LLM 的发展历程

LLM 的发展经历了多个阶段，最早的计算机语言处理方式是基于规则的系统。在这种系统中，工程师需要手动编写大量的语法规则，让计算机按照这些规则进行解析。例如，计算机可能会被设定"如果句子中有'今天'这个词，就可能是描述当天的情况"。然而，这种方式有很大的局限性，因为语言的变化是复杂的，规则难以穷尽，且无法适应新出现的词汇和表达方式。

后来，研究人员开始使用统计语言模型，通过分析大规模文本数据，计算不同单词和短语在语言中的出现概率。例如，计算机会发现"我今天很"后面最可能跟"开心""难过""疲惫"等词，而不是"苹果"或者"汽车"。这种方法比基于规则的系统更灵活，但仍然存在一些局限性，如对上下文的理解能力较差，生成的句子较为机械化。

真正的突破发生在深度学习技术兴起之后，特别是神经网络的应用，使得计算机可以通过"类脑"结构进行复杂的语言处理。现代的 LLM，如 ChatGPT、DeepSeek 等，都采用了变换器（Transformer）架构，它能有效地处理长文本，并理解复杂的语境。通过大量的训练数据，这些模型可以"学习"语言的规律，使得它们的表达更加自然。LLM 发展经历的阶段见表 2.1。

表 2.1　LLM 发展经历的阶段

阶　　段	主　要　方　法	特点与局限
早期 NLP（基于规则）	句法分析、词法分析	需要大量人工设定规则，难以处理复杂表述
基于统计的 NLP（n-gram）	统计词频、共现概率	只能处理短文本，无法理解长句依赖关系
神经网络模型（RNN & LSTM）	递归神经网络（RNN）、长短时记忆网络（LSTM）	能够理解上下文，但处理长文本时信息容易丢失
Transformer 时代（BERT、GPT）	Attention 机制、Transformer 架构	能并行处理大规模数据，学习更复杂的语言模式
现代 LLM（GPT-3、ChatGPT、DeepSeek）	超大规模训练数据 + 自监督学习	具备更强的理解能力，可处理复杂任务

如今，像 DeepSeek 这样的 LLM 通过数百亿到数万亿个参数来建模语言，使 AI 具备更强的上下文理解能力，并能根据用户的输入生成高质量的文本。

2.1.2　LLM 的核心架构：Transformer 及其演进

在现代 AI 时代，Transformer 取代了早期的 RNN 和 LSTM，成为了 LLM 的基石。那么它到底是什么呢？

1. Transformer 的关键组成

Transformer 是谷歌在 2017 年提出的一种深度学习架构，它的核心特点是"注意力机制"（Attention）。相比早期的 RNN 只能逐字逐句处理文本，Transformer 可以并行处理整段文本，这使它的训练速度更快，效果更好。

Transformer 的核心组成部分包括：

- Self-Attention（自注意力机制）：让模型能够同时关注句子中的所有词，并衡量它们之间的关系。例如，在句子"小明和小华在学校踢足球，他进了一个球"中，Self-Attention 机制能判断出"他"指的是"小明"还是"小华"。
- Feed Forward（前馈神经网络）：处理特征提取后的信息，并进行转换。
- Positional Encoding（位置编码）：因为 Transformer 没有循环结构，所以需要用特殊的方式来记录单词的顺序信息。

2. 基于 Attention 机制提升语言理解能力

Attention 机制的核心思想是让模型能够动态地关注句子中的不同部分,而不是平均对待每个词。

在翻译任务中,Attention 机制可以确保模型关注输入句子中最相关的部分。

在文本生成任务中,Attention 机制允许模型理解长距离依赖关系,生成更加自然的文本。

在对话任务中,Attention 机制让模型能够保持上下文连贯性。

2.1.3 LLM 是如何"思考"的

1. 概率建模:AI 如何预测下一个词

当你输入一句话。例如:

"今天阳光明媚,我打算去 ____。"

AI 可能会基于训练数据,给不同的词赋予不同的概率:

- 公园(85%)
- 超市(10%)
- 医院(3%)
- 火星(0.1%)

AI 选择概率最高的"公园",这样它的回答就显得合情合理。

在实际的应用中,当用户提问时,AI 会判断用户输入句子的主谓宾关系,分析问题的结构,以确保理解正确,在解析用户的问题后会在自己的"知识库"中查找相关信息确定要回答的内容,同时 AI 会使用语言模型来优化答案,使其更加流畅、自然。例如,如果用户问"苹果手机的最新款是哪一款?",AI 不会只简单地说"iPhone 16",而是可能会补充更多相关信息,如"iPhone 16 Pro 是苹果公司最新发布的智能手机,搭载 A17 仿生芯片,采用钛金属机身。"

2. 互动实验

下面可以试试这些问题,看看 AI 是如何回答的:

- **输入一句话**:"今天我有点难过,AI 你能安慰我吗?"

观察 AI 是否能理解情绪,并给予合理的回复。

- **让 AI 续写一句话**:"春天来了,花儿开始 _____ 。"

看看 AI 会填充哪些词，并思考其逻辑。

2.2 深度解析 LLM：让 AI 真正理解你的话

在 2.1 节中，探讨了 LLM 的基本原理，包括其核心架构——Transformer，以及如何通过海量数据训练出具备强大文本生成能力的 AI。然而，仅仅能够生成文本并不能让 AI 真正"理解"人类语言。

本节将深入探讨 LLM 的 NLP 技术，包括如何让 AI 具备更强的语义理解能力、如何优化 AI 的回答精度，以及如何通过增强学习和混合技术让 LLM 变得更强。

2.2.1 NLP 的基础知识

1. 什么是 NLP

NLP 是 AI 研究的核心领域之一，旨在让计算机能够理解、分析、生成和交互人类语言。NLP 涉及多个子领域，包括但不限于文本处理、语法分析、语义理解、信息检索、机器翻译和对话系统等。

NLP 之所以复杂，是因为人类语言本身具有高度的多样性、歧义性和动态变化的特点。例如，"银行"可以指金融机构，也可以指河岸，而"苹果"可以指水果，也可以指科技公司。AI 需要基于上下文和语境来解析这些歧义，使得处理自然语言比处理结构化数据（如数字或代码）更具挑战性。

在 NLP 领域，深度学习的引入极大地提升了语言处理的能力，尤其是基于 Transformer 的 LLM（如 GPT 和 BERT），使得 AI 在自然语言理解（Natural Language Understanding，NLU）和自然语言生成（Natural Language Generation，NLG）方面取得了革命性的进展。

2. NLP 的核心技术

NLP 涉及多个关键技术，它们共同构成了 AI 语言能力的基础。

（1）文本预处理（Text Preprocessing）

文本预处理是 NLP 任务的第一步，涉及将原始文本转换为 AI 可处理的格式。常见的文本预处理方法包括：

- **分词（Tokenization）：** 将文本拆分为独立的词语或子词单元。例如，句子"我喜欢自然语言处理"可以被分割为（"我"，"喜欢"，"自然语言处理"）。

- **去停用词（Stop-word Removal）**：去掉对句子核心意义影响较小的词，如"的""是""在"等。
- **词形还原（Lemmatization）和词干提取（Stemming）**：将不同形式的单词（如 running 和 ran）转换为相同的词根，以降低计算复杂度。
- **句法解析（Parsing）**：通过分析文本的语法结构，构建主谓宾等依赖关系，以便 AI 更好地理解句子结构。

这些预处理方法对于提升 NLP 任务的性能至关重要，特别是在搜索引擎优化（SEO）、情感分析和信息抽取等应用中。

（2）词向量表示（Word Embeddings）

计算机无法直接理解文本，因此需要一种方式将单词转换为数字表示。这一过程称为词向量化（Word Embeddings），它使得 AI 能够以数学方式衡量词汇之间的语义关系。

早期的方法（如 One-Hot 编码）将单词表示为稀疏向量，但这种方法无法表达词语之间的相似性。例如，"国王"和"皇后"在 One-Hot 表示中完全不同，而在更先进的方法中，它们的向量距离会更接近。

现代 NLP 使用分布式词向量表示，包括以下方法。

- **Word2Vec**：通过上下文共现关系学习单词的向量表示。例如，"猫"和"狗"的向量会比"猫"和"汽车"更接近。
- **GloVe**：结合全局统计信息，优化了词向量质量，使得 AI 在文本语境推理中表现更好。
- **BERT 和 GPT**：基于 Transformer 架构，能够通过双向或单向建模来理解单词的不同语境。

词向量技术的进步使得 AI 具备了语义理解能力，不仅可以计算单词的相似性，还可以进行更高级的文本分析，如情感分类、自动摘要等。

（3）语义理解与上下文建模（Semantic Understanding & Contextual Modeling）

传统 NLP 方法无法很好地捕捉上下文信息，而现代 NLP 模型（如 BERT 和 GPT）则通过上下文建模，显著提升了 AI 的语言理解能力。

- **基于 RNN/LSTM 的方法**：较早的 NLP 模型（如 RNN）能够处理句子的时间序列关系，但由于长期依赖性问题（Long-term Dependency），难以处理长文本。

- **基于 Transformer 的方法**：Transformer 模型（如 BERT）可以同时关注句子的所有部分，利用 Self-Attention 机制计算单词与其他单词的关系，从而更精准地理解文本。

例如，在句子"苹果公司今天发布了一款新手机"中，传统的 NLP 方法可能会将"苹果"识别为水果，而基于 BERT 的模型则能够根据上下文，正确理解"苹果"是指 Apple 公司。

2.2.2 让 AI 具备更强的理解能力

1. 句法分析 vs 语义解析

句法分析（Syntactic Parsing）：帮助 AI 识别句子的语法结构。例如，找出主语、谓语、宾语的关系。

语义解析（Semantic Parsing）：让 AI 理解句子的真正含义。例如，区分"我打算去银行"和"我坐在河边的银行"（这里的"银行"含义不同，后一名子中的"银行"指河边的堤岸或河岸）。

AI 想要具备真正的语言理解能力，必须能够精准地解析句子的结构，并推理出它的语义含义。因此，句法分析和语义解析是让 AI 具备更强理解能力的两个核心环节。现代 AI 结合这两种分析方法，使其在处理复杂句子时具备更高的准确性。例如，在句子"张三告诉李四，他昨天去北京了"中，AI 需要判断"他"指的是"张三"还是"李四"。

在 LLM 中，Transformer 通过 Attention 机制进行全局信息分析，结合词向量模型（如 BERT），让 AI 能够同时考虑句法和语义信息，实现对语言更深入的理解。

2. 让 AI 记住你说过的话

传统的 AI 在对话过程中往往"短期健忘"，无法记住用户之前的发言，导致对话不连贯。例如：

> 用户："我想去上海"
> AI："请问计划怎么去？"
> 用户："坐飞机，帮我预订一张机票。"
> AI："请问您要去哪个城市？"

在这个例子中，AI 并未记住用户的目标城市，导致错误的回答。而 LLM 通过长短时记忆机制（Long-term Context Memory），可以跨越多轮对话保持连贯性。LLM 使用 Transformer 的 Attention 机制，能够动态调整对不同信息的关注程度。

例如，在复杂的客户服务场景中，AI 可以记住用户的需求，并在后续对话中提供更精准的建议。

此外，LLM 还采用缓存技术，在短时间内存储用户输入，使得 AI 在一次对话过程中保持上下文理解能力。这对于 AI 助手、虚拟客服和智能语音助手等应用场景至关重要。

2.2.3 让 AI 的回答更精准

LLM 的强大之处在于其能够从海量数据中学习语言模式和知识。然而，如何让 AI 的回答更精准，需要多个层面的优化，包括预训练（Pretraining）、微调（Fine-tuning）和知识蒸馏（Knowledge Distillation）。

1. 预训练

LLM 通过大规模数据集进行训练，如维基百科、书籍、新闻文章、社交媒体内容等，使其学习到基本的语言规律、知识和语义关系。

2. 微调

需要对预训练的 LLM 进行进一步微调，以适应特定任务。例如，法律 AI 需要基于法律条文和案例进行微调，以提供精准的法律咨询。医疗 AI 需要结合医学文献和医生反馈，以提高诊断和治疗建议的准确性。

3. 知识蒸馏

为了提高模型的回答精准度，同时降低计算成本，研究者们提出了知识蒸馏技术。简单来说，它的核心思想是让一个"学生模型"（较小的 AI）从一个"教师模型"（较大的 AI）中学习，使得小模型在保留知识的同时，提高计算效率。

例如，GPT-4 可能是一个庞大的教师模型，而 ChatGPT 的某些版本则是基于知识蒸馏的学生模型，其能在移动设备上运行，同时保持较高的回答质量。

2.2.4 从 LLM 到更强的 AI：增强学习与混合技术

1. RAG（检索增强生成）

随着 LLM 在各种任务中的应用需求的增加，传统基于预训练的数据无法完全满足 AI 对实时知识的需求。因此，RAG（Retrieval-Augmented Generation，检索增强生成）成为提升 LLM 知识能力的重要方法。

RAG 的核心思路是结合信息检索和文本生成，让 AI 在生成回答前先检索相关的外部知识库或文档，确保答案的准确性和时效性。例如，DeepSeek 在回答金融新闻、法律法规或学术研究等问题时,可以首先搜索最新的数据库或在线资源,再基于检索结果进行内容生成。RAG 的实现方式包括:

- **基于向量搜索的知识检索**:将文本转换为向量嵌入,并在知识库中匹配最相关的内容。
- **端到端训练**:优化 LLM 使其能够结合检索到的信息,提高生成内容的质量。
- **多轮查询优化**:通过 AI 多轮检索和迭代,提高信息召回的准确性。

应用场景:

法律 AI:在回答法律咨询时,RAG 可以先检索最新的法律条文,再结合 LLM 生成符合上下文的法律解答。

医学 AI:结合最新的医学论文和病例分析,提高诊断和治疗建议的精准性。

新闻 AI:在报道热点事件时,要查询相关事实,确保 AI 不会基于过时的信息进行回答。

RAG 使得 LLM 能够在拥有强大生成能力的同时,兼具事实性和实时性,有效提升 AI 在实际应用中的可靠性。

2. 多模态 AI(文本 + 图像 + 音频 + 视频)

目前的 LLM 主要基于文本进行训练和生成,而多模态 AI(Multimodal AI)则允许 AI 结合文本、图像、音频、视频等多种数据类型,拓展 LLM 在更多任务中的能力。

结合图像理解文本(Text+Image),AI 通过视觉 - 语言模型(如 CLIP、DALL·E)可以解析图像内容,并结合文本进行理解。例如,视觉问答(Visual Question Answering,VQA):用户上传图片,AI 结合图片和文本提供智能解读,如"这张照片中的建筑是哪座城市的?";图片生成,用户输入文本描述,如"一个穿着宇航服的猫在月球上漫步",AI 生成对应的图片。

结合音频理解文本(Text+Audio),多模态 AI 还能通过自动语音识别(Automated Speech Recognition,ASR)和语音合成(Text-to-Speech,TTS)进行语音和文本的相互转换。例如,实时语音助手,用户用语音输入问题,AI 通过 NLP 处理并返回口语化的答案;听障人士辅助,AI 将音频转换为文本字幕,帮助听障用户理解语音内容。

结合视频理解文本(Text+Video),未来 AI 可能会结合视频内容进行推理。例如,视频摘要,AI 自动提取视频的关键信息,并生成简短的文本描述;内容推荐,根据用户的观看记录,AI 结合 NLP 和计算机视觉推荐相关视频。

多模态 AI 让 LLM 的能力大幅扩展,使其可以在教育、娱乐、医疗等领域提供更加自然和高效的服务。

3. AI 的自适应学习与个性化优化

AI 的发展不仅仅是增强其知识库和计算能力，还涉及如何更智能地适应不同用户的需求，并进行个性化优化。常见的不同用户需求自适应主要通过以下三种方式实现。

（1）用户偏好学习：AI 可以根据用户的交互习惯调整回答风格。例如，有的用户喜欢简洁直接的回答，而有的用户希望 AI 提供详细的背景信息。

（2）个性化推荐系统：在电商、流媒体等应用中，AI 可以根据用户的历史行为，提供更加精准的个性化推荐。

（3）情境感知 AI：未来的 AI 可能会结合传感器数据、情绪分析等信息，实现更精准的个性化交互。

2.3　中文特训：方言、网络梗轻松识别

LLM 在全球范围内取得了突破性进展，但其最初的训练数据主要基于英语语料，这使得它们在处理中文时面临一定挑战。与英语相比，中文的语法结构更加复杂，存在大量的方言、拼音歧义、谐音梗、俚语和网络流行语，这些语言特性使 AI 需要针对中文进行特殊优化。

本节将深入探讨中文 NLP 的特殊性、如何让 AI 适应中文环境，以及 AI 如何精准识别方言、网络流行语与俚语，从而让 LLM 更加符合中文用户的需求。

2.3.1　中文 NLP 的特殊性

1. 语法与表达的复杂性

与英语相比，中文的语法规则更加灵活，句子结构可以自由调整。例如，句子"我昨天去公园散步"和"昨天我去公园散步"在语法上均正确，而英语句子的语序通常较固定。AI 在解析中文时，必须能够适应这些变换，并正确理解句子的主干结构。

此外，中文缺乏形态变化，单词本身不携带时态、性别等信息。例如，"他吃饭"和"他昨天吃饭"仅通过上下文来表达时态变化，而英语需要用不同的时态形式（如 eat → ate）来区分。AI 需要结合上下文进行语境推理，才能准确理解句子含义。

2. 汉字、拼音与多义性

汉字与拼音的对应关系并非一一映射，存在大量的多音字、多义词。例如：

> "行"：可以读作"háng"（银行），也可以读作"xíng"（可以）。
>
> 这些特性导致 AI 需要结合上下文进行语义消歧，否则可能会出现理解错误。例如：
>
> 句子"他在银行工作"，AI 需要理解"银行"指的是金融机构。
>
> 句子"河岸有两行柳树"，AI 需要理解"行"指的是一排，而非金融机构。
>
> 句子"他这事干得很行"，AI 需要理解"行"指的是认可能力。

3. 省略与代词指代

中文中常见代词省略的情况。例如：

"明天去看电影？"（省略了"你"。）

"买菜了吗？"（省略了"你"。）

AI 需要通过语境补充缺失的信息，以确保句子完整理解。这在对话系统和智能客服中尤为重要，否则 AI 可能无法准确回应用户。

2.3.2　让 AI 适应中文的关键技术

1. 预训练数据优化：让 AI 具备更广泛的中文理解能力

AI 处理中文的基础是数据，预训练阶段需要大量的高质量语料，包括：

- 正式文本（新闻、书籍、百科），确保 AI 具备标准汉语表达能力。
- 口语化文本（社交媒体、论坛、聊天记录），让 AI 适应日常会话的非正式表达方式。
- 行业专用文本（法律、医疗、科技领域），使 AI 能够提供专业领域的精准回答。

此外，预训练数据还需要涵盖多样化的中文方言、流行语、成语及古文，使 AI 在不同场景下都能提供更精准的理解。

2. 中文分词 & 端到端建模：提升中文解析的精准度

由于中文没有天然的单词边界，传统的 NLP 需要先进行分词，然后进行后续的语义理解。然而，基于 Transformer 的 LLM 采用了端到端建模，直接处理字符级信息，避免了分词错误带来的误差。

传统方法（基于规则的分词）：如"我喜欢苹果"可以被分词为"我 / 喜欢 / 苹果"或"我 / 喜欢 / 苹 / 果"（错误）。

端到端 LLM：直接通过 Self-Attention 机制理解整个句子，无须手动分词，提高准确率。端到端建模的优势在于减少错误传播，分词错误不会影响后续的语义解析；提升歧义解析能力，AI 可以根据上下文直接推断词语的正确含义；提高语言适应性：无须针对不同文本类型手动调整分词规则。

3. 语境感知与注意力机制：确保 AI 理解句子含义

为了提高中文理解能力，LLM 采用 Self-Attention 机制，让 AI 关注句子中不同部分的重要信息。例如，在句子"我喜欢苹果，而他喜欢香蕉"中，AI 需要理解"他"指的是前文中的某个对象。

AI 还可以通过上下文窗口扩展记忆范围，使其能够更好地解析长文本。例如：
短文本：处理简单问答时，AI 需要关注最近的上下文。
长文本：在新闻摘要或法律文书解析中，AI 需要回溯多个段落，以确保整体理解准确。

4. 语义增强训练：提升 AI 对复杂语言结构的适应性

AI 需要通过语义增强训练来适应不同类型的中文表达方式，包括：

- **成语解析**：例如，"杯弓蛇影"需要 AI 识别其隐喻含义，而不仅仅是逐字翻译。
- **句法变换**：AI 需要适应倒装句、省略句等多种句式，如"你去了哪里？"和"哪里去了你？"的意思相同。
- **修辞和情感表达**：通过情感分析模型，AI 可以识别句子的语气，如"这真是太棒了！"表达积极情绪，而"真是好极了"可能是讽刺。

5. 拼音 – 文本联合优化：提高 AI 处理拼音与口语化表达的能力

中文口语化表达和拼音输入法的模糊性给 AI 带来了额外的挑战。例如：

"ni hao"可能是"你好"或"拟好"。
"shuo de dui"可能是"说得对"或"朔的堆"。

AI 需要结合 ASR 和拼音建模，对语音和拼音输入进行纠正，并结合上下文提供最合理的理解。例如，在智能语音助手中，当用户说"我要买一台小米"，AI 需要区分是"xiaomi"（品牌）还是"小米"（食物）。

2.3.3 AI 如何理解方言、网络用语与俚语

1. 方言适配：语音转写 + 拼音模型

中国幅员辽阔，方言种类繁多，不同地区的语音、词汇和语法规则存在巨大差异。例如：

上海话："侬好伐？"（你好吗？）

广东话："你去边度啊？"（你去哪里？）

四川话："今天中午吃啥子？"（今天中午吃什么？）

AI 在处理方言时的主要难点在于许多方言的语音系统与普通话存在显著差异，直接转换会产生误差，更有部分方言的词汇、语法与普通话截然不同，使 AI 很难通过标准的 NLP 解析出正确的语义。

2. 语音转写：ASR 技术的应用

AI 需要结合 ASR 技术，将方言语音转换为标准普通话文本。例如，通过训练包含多种方言的数据集，AI 可以识别出粤语中的"睇"相当于普通话中的"看"。

3. 拼音模型：辅助方言理解

拼音是普通话的重要标注方式，但在方言中，拼音可能会对应多个普通话词汇。AI 需要通过拼音-汉字映射数据库进行辅助校正。例如：

粤语拼音"hei"可能对应普通话的"喜"或"戏"。

四川话"哈戳戳"在普通话中可理解为"呆头呆脑"。

上海话"伊"对应普通话中的"他/她/它"。

通过结合拼音解析和上下文分析，AI 可以更精准地将方言转写成普通话，提高方言的识别和转换准确度。

4. 识别网络用语与缩写

互联网文化的迅速发展催生了大量的网络流行语、缩写、谐音梗，这些表达方式灵活多变，给 AI 识别带来了挑战。例如："YYDS"（永远的神）、"内卷"（过度竞争）、"凡尔赛"（用谦虚的语气表达炫耀）、"躺平"（拒绝努力，维持低欲望生活）。

让 AI 读取微博、抖音、B 站、知乎等社交平台的数据，学习最新的网络用语；采用词向量更新机制，使 AI 在日常对话中可以动态适应新词汇；同时还结合爬虫技术和词频统计，定期更新 AI 的流行语数据库，当 AI 发现高频但未收录的词时，自动查询上下文并猜测其含义，还可以采用结合上下文的方式，推断网络用语的实际含义。例如，"这个电影 YYDS"需要 AI 识别"YYDS"是对电影的赞美，而

非单独的无意义字母组合。

5. 语境感知，让 AI 识别幽默、讽刺

中文中的幽默、双关和讽刺表达方式丰富多样，AI 需要具备更强的语境感知能力。例如：

讽刺表达："这次的操作真是教科书级别的失误。"（暗指决策失误。）

双关语："程序员的梦想是'写一次，跑遍世界'。"（既指代码跨平台运行，也暗指程序员想去旅游。）

谐音梗："鸭梨山大"（压力山大）。

➡ 读书笔记

第 3 章　把日常变有趣：你的 AI 万能助手

> AI 能帮你完成哪些事情？除了写文章、对话聊天，它还能成为你的生活助理，帮你规划健康饮食、制定旅行行程、管理家务，甚至提供情感陪伴。本章将带你探索 DeepSeek 在日常生活中的各种应用场景，让它帮你解决烦琐的任务，让生活更轻松、更有趣。无论是需要一个贴心的健康顾问，还是想找到一个聪明的旅行搭档，DeepSeek 都能满足你的需求。只要会聊天，你就能让 DeepSeek 高效运作，让每一天都充满科技感和智能体验！

3.1　家庭医生 Lite：基础健康与就医建议

在日常生活中，人们难免遇到一些小病小痛，如突发感冒、胃部不适，甚至孩子半夜发烧。这时，不一定能马上找到医生，但 DeepSeek 可以帮助你作出初步判断。输入症状后，DeepSeek 能提供科学的家庭护理建议，帮助你分辨哪些情况需要就医，哪些可以通过简单处理缓解。让 DeepSeek 成为你的智能健康助手，让生活更加安心。

3.1.1　孩子夜里发烧：如何冷静应对并有效处理

扫一扫，看视频

当孩子在夜里突然发烧，作为父母，焦虑和担忧是自然的反应。尤其是在夜深人静时，孩子的体温飙升常常让父母感到手足无措。然而，了解正确的应对方法可以帮助你在危急时刻保持冷静，并采取有效措施降低孩子的不适。孩子发烧可能是身体免疫反应的一部分，如果处理得当，大多数情况下是可以安全度过的。

➡ 编写提示词指令

家长在向 DeepSeek 寻求帮助时，可能因为急切而简明扼要地提出问题。例如：

✘ 孩子发烧了，怎么办？

这种提问虽然快速，但却没有提供足够的关于孩子身体状况及症状的信息，使 DeepSeek 很难"对症下药"。为了及时有效地帮助孩子缓解病情，需要给 DeepSeek 提供更多的细节。例如：

> ✔ 我的孩子夜里发烧到 38.8℃，并且感到不舒服，伴有轻微呕吐。现在他非常难受，是否需要服用退烧药？应该如何降温？

这样的提问明确了发烧的温度、伴随症状（如呕吐、烦躁），并且指出是否需要服用退烧药物，从而可以帮助 DeepSeek 给出更加具体、准确的应对建议。

DeepSeek 深度思考

首先，我需要快速分析孩子的发烧程度和伴随症状。如果孩子的体温在 38℃ 以上，我的首要任务是通过物理降温来帮助其降温，避免体温过高带来的不适和风险。我不建议盲目使用退烧药，除非体温过高且孩子表现出明显的不适。

另外，发烧常常伴随体力消耗，因此水分补充尤为重要。发烧时，体内水分流失较快，孩子容易出现脱水现象。我会为孩子提供足够的水分，并关注他的尿量，判断是否存在脱水的迹象。

如果发烧持续且没有退烧迹象，或者出现其他更为严重的症状，我会考虑带孩子去医院检查，以确保孩子不会受到其他感染或疾病的困扰。最重要的是，父母要保持冷静，理性处理，避免情绪化导致的过度担忧。

DeepSeek 回答

如果孩子在夜里突然发烧，首先，使用体温计准确测量孩子的体温。如果温度超过 38.5℃，可以尝试物理降温，如用温水擦拭孩子的颈部、腋下和脚底等区域，帮助体温逐渐下降。

确保孩子保持适当的水分，可以给他喂水或果汁，帮助防止脱水。如果孩子体温持续升高或情绪烦躁，可以考虑根据年龄和体重，使用退烧药物，如布洛芬或对乙酰氨基酚，但剂量要谨慎，严格按照药物说明。

同时，要保持孩子在温暖舒适的环境中休息，避免给他穿太多衣服，也避免将房间温度调得过低。观察孩子的病情变化，如果体温仍然没有下降，或出现其他症状，如呼吸急促、持续哭闹等，及时就医非常关键。

➡ 案例回放复盘

本案例展示了当孩子夜间发烧时，父母应如何应对并通过 DeepSeek 作出科学决策。通过准确测量体温、了解发烧的程度、观察伴随症状，从而及时采取合适的降温和补充水分措施，才能有效减轻孩子的痛苦并防止病情加重。应对发烧的具体技巧总结见表 3.1。

表 3.1　应对发烧的具体技巧总结

技　巧	具 体 方 法
测量体温	使用温度计精确测量，确保了解体温是否超过 38.5℃
物理降温	使用温水擦拭孩子的身体，以帮助体温自然下降
水分补充	给孩子提供水、果汁等饮品，帮助补充因发烧丧失的水分
药物使用	根据孩子的体重和年龄，使用适合的退烧药物，但要严格按照剂量使用
及时就医	如果孩子的体温持续不下降，或有其他严重症状，应该尽早就医

3.1.2　突发肠胃不适：饮食调理与就医判断指南

扫一扫，看视频

当突发肠胃不适时，如腹泻、胃痛、恶心等，合理的饮食调理可以帮助身体恢复，并避免症状加重。但有些情况下，单靠饮食调整可能无法缓解不适，需要及时就医。了解如何在第一时间采取正确措施，对健康至关重要。

▶ **编写提示词指令**

向 DeepSeek 提出的问题有可能会过于模糊，导致其无法给出有针对性的饮食建议和就医判断。例如：

✘ 肠胃不舒服，能吃什么？

这个问题过于模糊，没有具体指明症状，也没有提到是否需要了解何时就医。DeepSeek 无法知道是否出现腹泻、胃痛、恶心等具体症状。为了使 DeepSeek 能更加准确地给出有针对性的建议，需要提供更多的细节。例如：

✔ 出现腹泻和胃痛，应该如何合理选择饮食？如果情况持续超过 24 小时，我该如何判断是否需要就医？

这个提问明确指出了自身的症状（腹泻、胃痛），并且询问了饮食方案和就医的判断标准。这样的问题能够让 DeepSeek 根据具体症状给出更精确的建议，同时提供专业的就医判断标准，帮助我们作出明智的决策。

DeepSeek 深度思考

首先，肠胃不适的症状和处理方法因个体差异而异，我需要首先确认出现的症状，以便提供更具针对性的饮食建议。腹泻、胃痛、恶心和呕吐是常见的症状，每种症状的处理方法有所不同。例如，腹泻需要通过补充水分和电解质来避免脱水，而胃痛可能需要避免过于辛辣、油腻的食物，选择易消化的温和食物。

接下来,我需要考虑饮食建议的层次感。腹泻时,需要选择低纤维、易消化的食物,如米汤和香蕉;而胃痛时,则可以推荐粥类和蒸蛋等温和食物,这些食物不仅易于消化,还有助于缓解肠胃的不适。

同时,判断是否需要就医是关键。如果症状较为轻微,且没有持续超过24小时,通常可以通过饮食调理和家庭护理来缓解。但如果症状加重,如出现严重脱水、高烧、持续呕吐或便血等,应该尽早就医。需要让家长认识到,有些症状虽然可以通过家庭护理缓解,但也有一些症状是身体发出的警告信号,不能掉以轻心。

DeepSeek 回答

肠胃突然不适,首先需要判断症状的具体类型。常见的症状包括腹泻、胃痛、恶心和呕吐。不同症状需要采取不同的饮食策略,以便帮助孩子恢复。

腹泻

如果出现腹泻,推荐采用 BRAT 饮食法:香蕉、米饭、苹果泥、吐司,这些食物都非常温和,容易消化,有助于减轻肠胃的负担。还可以喝一些米汤或电解质水,帮助补充失去的水分和矿物质。避免油腻、辛辣、乳制品等可能刺激肠胃的食物。

胃痛

如果有胃痛,可以选择温和的粥类食物,如小米粥、白米粥等。还可以食用适量的蒸蛋和豆腐,这些都是容易消化的食物,能有效缓解胃部的不适。避免过酸、过辣、高纤维的食物。

恶心与呕吐

如果出现呕吐或感到恶心,可以少量多次地喝水,最好是温开水或姜茶。此外,苏打饼干和白面包也有助于缓解胃部不适。避免油腻和甜腻的食物,尽量吃清淡的食物。

其他饮食建议

在任何情况下,保持水分的补充非常重要。可以适量喝一些电解质水或温盐水,帮助补充丢失的电解质,避免脱水。

就医意见

虽然大多数轻微的肠胃不适可以通过饮食调理和家庭护理缓解,但有些症状可能预示着更为严重的健康问题,需要及时就医。以下是一些需要立即就医的情形。

⚠ 需要就医的情况:

腹泻持续超过48小时,或出现脱水症状(如口渴、尿量减少、皮肤弹性下降、哭泣无泪);

呕吐超过24小时,无法进食或补充水分,尤其是频繁呕吐;

高烧(>38.5℃)伴随肠胃不适,无法通过退烧药缓解;

严重胃痛,无法缓解,或疼痛向胸口、背部放射,提示可能是消化系统严重问题;

粪便异常(如带血、黑色柏油样便),或持续便秘超过5天;

孩子表现出极度虚弱或无力,无法起床或活动;

孩子近期有不洁饮食(如食用了不明来源的食物、未煮熟的肉类或生食海鲜等)。

📌 案例回放复盘

本案例展示了若突发肠胃不适，应如何科学地调理饮食与何时需要就医的判断，可以更有效地帮助缓解肠胃不适，并确保自身健康不受威胁，防止病情加重。应对肠胃不适的提问技巧总结见表3.2。

表3.2 应对肠胃不适的提问技巧总结

技　　巧	具　体　方　法
明确症状	描述具体症状，如腹泻、胃痛、呕吐等，以便获得精准回答
结合需求	询问饮食建议时，提供就医判断的需求，避免遗漏重要信息
情境导向	根据症状的变化时间和严重程度提问，确保得到分层次的解决方案

3.1.3 皮肤上出现红疹：如何判断原因并正确处理

扫一扫，看视频

当皮肤上突然出现红疹时，可能会引起瘙痒、疼痛，甚至伴随其他症状。红疹的出现可能是由过敏、感染、环境刺激等多种原因引起的，应尽快判断红疹的性质，以决定是否需要医疗干预。本案例将帮助你识别红疹的常见类型，提供缓解措施，并判断何时需要就医。

📌 编写提示词指令

如果皮肤出现红疹，简单的提问方式并不会得到有针对性的答案。例如：

> ✘ 我皮肤上起了红疹，怎么办？

这个问题过于笼统，没有提供足够的信息来判断红疹的类型和可能的成因，因此很难给出具体的建议。若要更有效地得到答案，则应该提供更多的症状信息以供 DeepSeek 给出更准确的建议。例如：

> ✔ 我的背部和手臂上突然出现红色丘疹，伴有轻微瘙痒，但没有发烧或其他症状。最近换了新的洗衣液，也接触了新食物。我应该如何判断是过敏、湿疹还是其他原因？是否需要就医？

这个提问提供了红疹的部位、形态、伴随症状、近期接触史，并明确询问了可能的原因及是否需要医疗干预。这样的问题可以帮助 DeepSeek 更精准地提供针对性的建议。

DeepSeek 深度思考

当皮肤出现红疹时，我首先需要考虑红疹的类型和可能的病因。红疹的出现可能是局部刺激引起的轻微皮肤问题，也可能是严重疾病的征兆。我的第一步是分析红疹的形态、颜色、质地和扩散情况，以确定它是否属于以下常见类型。

1. 过敏性红疹（如荨麻疹、接触性皮炎）
- 特点：通常突然出现，呈现红色丘疹或风团，可能伴随瘙痒。
- 可能原因：食物过敏（如海鲜、花生）、花粉、动物毛发、新衣物、洗护用品或化学物质接触。
- 处理方法：避免过敏原，使用抗组胺药（如氯雷他定）、涂抹炉甘石洗剂缓解瘙痒。

2. 湿疹（特应性皮炎）
- 特点：常见于婴幼儿，皮肤干燥、脱皮、发红、瘙痒，反复发作。
- 可能原因：遗传、皮肤屏障功能受损、接触刺激物等。
- 处理方法：保持皮肤滋润，避免热水洗澡，涂抹温和保湿霜，严重时可在医生指导下使用低浓度激素药膏。

3. 病毒性红疹（如幼儿急疹、手足口病、麻疹等）
- 特点：常伴随发热，红疹呈斑丘状，可能遍布全身。
- 可能原因：病毒感染（如麻疹、风疹、水痘等）。
- 处理方法：如果伴随高烧或精神状态不佳，建议尽快就医。

4. 昆虫叮咬
- 特点：红点或丘疹，周围有轻微肿胀，通常伴随瘙痒或局部疼痛。
- 可能原因：蚊虫、跳蚤、螨虫等叮咬。
- 处理方法：可涂抹炉甘石洗剂止痒，避免抓挠，使用防蚊措施。

5. 药物过敏（严重情况可导致过敏性休克）
- 特点：红疹遍布全身，可能伴随呼吸困难、嘴唇发青等严重反应。
- 可能原因：对抗生素、解热镇痛药等过敏。
- 处理方法：立即停药并就医，严重时可使用肾上腺素急救。

DeepSeek 回答

可能的红疹原因分析：

根据你的描述，背部和手臂上出现红色丘疹，伴有轻微瘙痒，但无发烧或其他症状，且最近更换了洗衣液并接触了新食物，这可能与过敏性皮炎、接触性皮炎或轻度湿疹有关。由于你没有伴随系统性症状（如发热、全身不适等），暂时不太可能是病毒感染性红疹或严重过敏反应，但仍需进一步观察。

如何自行处理：

1. 避免可能的过敏原
- 停止使用新的洗衣液，改回以前的产品，并用温水清洗衣物，以减少化学残留。
- 回顾近期饮食，避免食用任何可疑的新食物，如海鲜、坚果等高致敏性食物，观察是否有症状缓解。

2. 缓解皮肤症状
- 保持皮肤清洁，避免热水烫洗，使用温和的沐浴乳或清水冲洗患处。

- 局部护理：
  - ◆ 轻度瘙痒 → 可以涂抹炉甘石洗剂或温和保湿霜（如凡士林、维生素E乳液）。
  - ◆ 中度瘙痒 → 可局部使用非处方抗组胺软膏（如氯雷他定软膏）。
- 避免频繁搔抓，以防皮肤破损感染。

3. 观察症状变化
- 若红疹在1~3天内逐渐减轻，则可能是轻微的接触性皮炎或过敏，无须特殊治疗。
- 如果红疹范围扩大或瘙痒加重，可考虑口服抗组胺药（如氯雷他定或西替利嗪）。

何时需要就医：
虽然你的症状暂时不严重，但如果出现以下情况，建议尽快就医。
- 红疹迅速扩散，从背部和手臂蔓延至全身。
- 瘙痒严重影响日常生活，且未能通过抗过敏药缓解。
- 出现水泡、渗液、皮肤破溃，提示可能继发感染。
- 伴随喉咙肿胀、呼吸困难或嘴唇发青（可能是严重过敏反应）。
- 服用抗组胺药后症状仍无明显改善，持续超过一周。

▶ 案例回放复盘

本案例展示了若皮肤上出现红疹，应如何准确地将症状反映给 DeepSeek 以得到准确且有针对性的建议和处理方法，采取合适的措施，预防病情恶化。出现红疹时的提问技巧总结见表3.3。

表3.3 出现红疹时的提问技巧总结

技 巧	具 体 方 法
精准描述症状	明确红疹的形态、颜色、部位、是否扩散，避免模糊描述
关注伴随症状	说明是否有瘙痒、疼痛、脱皮、水泡、发热等，以便判断病因
提供可能的触发因素	如最近是否吃了新食物、是否使用了新护肤品、是否接触了动物或药物等
询问就医标准	了解何时需要去医院，防止延误病情

3.2 私人健身教练：一键生成运动规划 & 餐单

想减脂、增肌或者备战一场马拉松，但苦于没有科学的训练计划？DeepSeek 可以根据你的身高、体重、目标和生活习惯，生成个性化的运动和饮食方案，帮助你高效实现健身目标。不管是在家训练还是备战专业赛事，DeepSeek 都能提供合适的建议，让你的健身之路更加轻松、高效，让你更容易坚持下去。

3.2.1 减脂计划：如何科学制订高效减脂计划

想要成功减脂，单纯地节食或高强度地运动都不是最优解。科学的减脂计划需要合理的饮食管理、适量的运动、良好的作息及心理调适。许多人在减脂过程中会遇到瓶颈，如体重停滞、肌肉流失、饮食难以坚持等。本案例将展示如何用 DeepSeek 帮助你建立一个可持续、有效的减脂计划，让你既能减少脂肪，又能保持健康和良好的生活状态。

▶ **编写提示词指令**

在制订减脂计划时，很多人可能会直接提出要求。例如：

> ✘ 怎样才能快速减脂？

每个人的身体状况和减脂目标都不相同，这些在这个问题中都没有体现，DeepSeek 无法得到具体、可执行的建议。为了让减脂更具针对性，可以尝试加入更多的信息。例如：

> ✔ 我是 26 岁男性，身高 175cm，体重 80kg，体脂率 28%。希望在 4 个月内降低体脂至 20%，并保持肌肉量。目前饮食无严格控制，主要依靠跑步，每周 3 次。请问如何优化饮食和训练计划以实现目标？

这个提问提供了具体的年龄、身高、体重、体脂率、目标、饮食情况、运动习惯，这样 DeepSeek 可以提供精准的热量摄入建议、运动安排、营养调整等方案。

DeepSeek 深度思考

一个科学的减脂计划需要从多个方面入手，包括饮食控制、运动策略、作息调整和心理调适。我的目标是帮助你找到最适合你的方法，而不是简单地给出"一刀切"的建议。

1. 计算热量赤字

减脂的核心原则是热量赤字，即每天消耗的热量 > 摄入的热量。

- 基础代谢率（BMR）：计算身体静息时消耗的热量。
- 总热量消耗（TDEE）：包括日常活动、运动消耗。
- 目标热量：建议每日热量摄入比 TDEE 低 300 ~ 500 kcal，以每周减少 0.5 ~ 1kg 为目标，避免肌肉流失。

2. 饮食调整

- 优质蛋白（30% ~ 40%）：鸡胸肉、鱼、蛋白粉、豆类，维持肌肉。
- 健康碳水（30% ~ 40%）：糙米、燕麦、红薯，提供能量，避免低碳导致乏力。
- 优质脂肪（20% ~ 30%）：坚果、牛油果、橄榄油，维持激素平衡。
- 高纤维食物：绿叶蔬菜、全谷物，提高饱腹感，帮助肠道健康。

- 控糖控加工食品：减少高糖、高油、高加工食品，如奶茶、炸鸡、碳酸饮料。

3. 运动安排

（1）有氧运动。

- 跑步／游泳／跳绳等，每周3～5次，每次30～60分钟。
- 低强度（LISS）：快走、骑行，适合耐力型人群。
- 高强度（HIIT）：间歇冲刺、波比跳，加快脂肪燃烧。

（2）力量训练。

- 避免肌肉流失，每周2～4次力量训练。
- 训练部位：核心训练（腹肌）、复合动作（深蹲、硬拉、卧推）。
- 渐进负荷：逐步增加重量，维持肌肉量，提高基础代谢。

4. 生活方式优化。

- 睡眠充足（7～8小时）：睡眠不足会影响瘦素和饥饿素，导致食欲增加。
- 减少压力：压力过大会导致皮质醇升高，影响脂肪代谢。
- 控制饮酒：酒精含热量高，并且会抑制脂肪燃烧。

DeepSeek 回答

如果你的目标是在3～4个月内降低体脂至理想水平，建议遵循以下计划。

1. 计算热量目标

- TDEE 计算：假设你的总能量消耗为2500 kcal。
- 目标热量：每日摄入1800～2000 kcal，确保温和减脂，避免过度节食。

饮食推荐（40%蛋白质、30%碳水、30%脂肪）：

- 早餐：燕麦＋鸡蛋＋坚果（均衡营养，提供饱腹感）。
- 午餐：糙米＋鸡胸肉＋蔬菜（高蛋白＋健康碳水）。
- 晚餐：深色蔬菜＋鱼肉／牛肉（蛋白质补充）。
- 零食：希腊酸奶、坚果（避免垃圾食品）。

2. 运动计划

- 每周3～4次有氧运动（如快走、跑步、游泳、HIIT）。
- 每周2～3次力量训练（以深蹲、卧推、硬拉等复合动作为主）。

3. 生活调整

- 规律作息（避免熬夜，提高代谢）。
- 充足饮水（每天2～3L，促进代谢）。
- 减少精加工食品（避免过多热量摄入）。

4. 何时需要调整或就医？

如果在3～4周内减脂效果不明显，或出现以下情况，应考虑调整计划或就医。

- 体重停滞超过2周（可能代谢适应，需要调整热量或运动强度）。
- 极度疲劳、头晕、掉发（可能营养不足，需增加热量或调整饮食）。

- 消化不良或胃痛（可能饮食不适应，调整食物搭配）。
- 运动损伤或关节疼痛（避免过度训练，调整运动方式）。

➡ 案例回放复盘

本案例围绕如何制订科学、个性化的减脂计划展开，强调了饮食管理、运动策略、生活习惯优化在减脂过程中的重要性。合理的热量控制、均衡的营养摄入、适量的运动安排及良好的作息习惯，是确保减脂高效且可持续的核心因素。精准提问能够让减脂计划更具针对性，避免走弯路，实现高效、安全、可持续的减脂目标。制订减脂计划的提问技巧总结见表 3.4。

表 3.4 制订减脂计划的提问技巧总结

技 巧	具 体 方 法
目标明确	设定体脂率或体重目标，确保可执行
提供身体数据	提供身高、体重、体脂率、日常运动情况，以便计算热量需求
询问饮食方案	询问蛋白质摄入、碳水比例、是否适合低碳饮食
运动规划	询问有氧与力量训练的比例，确保运动有效

3.2.2 无器械居家训练：如何用 DeepSeek 科学制订无器械居家训练计划

很多人因为时间限制、健身房距离远、预算有限或其他原因，选择在家进行无器械训练（徒手健身）。然而，很多人在居家训练时会遇到以下问题：不知道如何安排训练动作、难以坚持、效果不明显等。如何科学规划训练内容、频率、强度，让居家训练既高效又可持续？本案例将帮助你利用 DeepSeek 制订适合自己的无器械训练计划，提升健身效果。

扫一扫，看视频

➡ 编写提示词指令

很多人在向 DeepSeek 表述时仅仅说明他想要在家锻炼。例如：

✘ 在家怎么锻炼？

这个问题缺少具体细节，DeepSeek 难以提供有针对性的建议。要让训练计划更符合个人需求，提问时最好包含更多的信息。例如：

✔ 我是 25 岁男性，体重 75kg，平时运动少，想在家练出肌肉线条。每周能训练 4 次，每次 30～40 分钟，家里只有瑜伽垫和弹力带。我应该如何安排训练计划？

这个问题提供了年龄、体重、运动基础、训练目标、训练频率、可用器材等关键信息，可以获得更精准的训练方案。

DeepSeek 深度思考

在制订无器械训练计划时，需要关注目标、训练模式、动作选择、训练强度和恢复，以确保计划科学、可执行、可持续。

1. 训练目标分类
- 减脂：高强度间歇训练（HIIT）+全身复合动作，提升心率，提高热量消耗。
- 增肌：采用自身体重阻力训练（如俯卧撑、深蹲、单腿硬拉等），增加重复次数、调整训练方式。
- 增强核心：核心稳定性训练（如平板支撑、Russian Twist），提升身体控制能力。
- 综合提升体能：结合耐力训练（跳绳、波比跳）和力量训练（深蹲、俯卧撑）。

2. 训练模式
- HIIT（高强度间歇训练）→适合减脂、提升心肺能力。
- 全身循环训练→适合增肌和提高耐力。
- 分部位训练（上肢、下肢、核心）→适合提高肌肉控制力。

3. 训练动作推荐

训练部位	动作	训练目标
胸肌+手臂	俯卧撑、钻石俯卧撑、肩碰俯卧撑	增肌、耐力
背部	超人式、反向雪天使、俯身划船（弹力带）	强化背部肌群
腿部	深蹲、弓步蹲、单腿硬拉	训练腿部力量
核心	平板支撑、仰卧卷腹	增强核心稳定性
燃脂+心肺	波比跳、开合跳、跳绳	提升耐力、减脂

4. 训练计划示例（无器械，全身训练，每周4次）

天　　数	训练内容
周一（全身HIIT）	波比跳×15+俯卧撑×15+深蹲×20+平板支撑30秒（循环3～4组）
周二（核心+上肢）	俯卧撑×15+超人式×20+Russian Twist×20+平板支撑45秒（3～4组）
周四（下肢+燃脂）	深蹲×20+单腿硬拉×15+跳绳1分钟+弓步蹲×15（3～4组）
周六（全身训练）	跳跃深蹲×20+俯卧撑×15+仰卧卷腹×20+开合跳1分钟（3～4组）

5. 训练进阶方式
- 增加次数（如俯卧撑从15次增至20次）。
- 缩短休息时间（减少组间休息时间，提升耐力）。
- 提高动作难度（如普通俯卧撑进阶到单手俯卧撑）。
- 增加训练组数（从3组提高到4～5组）。

6.生活方式优化
- 充足睡眠（7～8小时），促进肌肉恢复。
- 高蛋白饮食（30%～40%蛋白摄入），帮助肌肉生长。
- 控制饮食热量，如果目标是减脂，每日热量赤字300～500 kcal。

DeepSeek 回答

训练频率：每周训练4～5天，每次30～40分钟。
训练模式：全身训练＋局部强化，结合力量＋心肺，提高燃脂效率。
推荐训练安排：
- 周一：全身HIIT（俯卧撑＋深蹲＋波比跳）。
- 周二：核心＋上肢（平板支撑＋Russian Twist＋超人式）。
- 周四：下肢＋燃脂（深蹲＋弓步蹲＋跳绳）。
- 周六：全身循环训练（综合提升耐力与肌力）。

进阶方式：增加训练组数，或减少休息时间，确保训练强度逐步提升。

▶ **案例回放复盘**

在本案例中，探讨了如何科学规划无器械居家训练，并强调了精准提问在获取有效建议中的重要性。无器械居家训练可以高效塑形，但需要科学规划训练内容、强度和进阶方式。精准提问能帮助用户获取最适合自己的训练方案，提高训练效率，确保减脂、增肌目标顺利达成。在无器械训练中，合理安排训练动作、训练频率、训练强度、进阶方式至关重要，同时配合饮食管理和作息调整，才能确保训练效果可持续。因此精准提问不仅能提升建议的质量，还能让训练更高效、目标更明确。制订无器械居家训练计划的提问技巧总结如表3.5所示。

表3.5 制订无器械居家训练计划的提问技巧总结

技　　巧	具 体 方 法
设定明确目标	如"4个月内增强核心力量"，避免泛泛而谈
提供个人情况	如提供年龄、体重、运动基础、可用时间
说明训练频率	如"每周4次，每次30分钟"，确保可执行性
询问进阶方式	如"如何提升训练难度？"，避免停滞期

3.2.3　科学训练：如何科学训练以备战马拉松

马拉松是一项对耐力、心肺功能、肌肉耐受度、心理素质要求极高的运动。如果没有科学的训练计划，容易出现跑步伤病、体能透支、比赛失常等问题。备战马拉松不仅需要科学的训练方法，还要合理安排饮食、恢复和心理建设，才能确保安全完赛甚至突破个人成绩。本案例将利用 DeepSeek 帮助你制订系统化的马拉松训练计划，无论你是初跑者还是进阶跑者，都能找到适合自己的训练方式，科学提高耐力、速度、心肺能力，最终顺利完赛。

▶ 编写提示词指令

如果用户只提出简单的问题，则 DeepSeek 无法提供针对性的训练方案。例如：

> ✘ 我想跑马拉松，怎么练？

更优的提问方式应该包含目标、当前跑步基础、备赛时间、训练时间等。例如：

> ✔ 我是 32 岁男性，体重 70 kg，想参加 4 个月后的全程马拉松，目前最大跑量 15 km，配速 6'00，每周能训练 4～5 次。目标是安全完赛并争取完赛总时长在 4 小时 30 分钟以内，请问如何安排训练？

通过这样的提问，DeepSeek 可以获取你的基础信息，并根据基础信息精准地调整训练计划。

DeepSeek 深度思考

备战马拉松的关键在于耐力提升、速度训练、力量训练、恢复调整。我的目标是帮助你在备赛周期内建立科学的跑步节奏、增强肌肉耐力、提高心肺能力，最终在比赛日顺利完赛，并降低受伤风险。

1. 训练周期划分

马拉松训练一般分为基础期、强化期、巩固期和赛前调整期，通常为 12～20 周训练周期：
- 基础期（8～12 周）：建立跑步耐力，逐步增加每周跑量。
- 强化期（6～8 周）：提高速度，增加间歇跑／节奏跑。
- 巩固期（4～6 周）：长距离耐力训练，模拟比赛状态。
- 赛前调整期（1～2 周）：减少跑量，保持状态，避免疲劳。

2. 训练内容

科学训练应包括以下四大核心训练模块。

训练类型	作用	示例训练
慢跑（LSD）	提高基础耐力、适应长距离	配速比目标比赛配速慢 30～60 秒，每周 1 次
间歇跑（HIIT）	提高速度、耐乳酸能力	400m×（6～8）组，配速比目标快 20～30 秒
节奏跑(Tempo Run)	提升乳酸阈值，提高比赛强度耐受度	6～10 km，接近比赛配速跑
力量训练	增强腿部耐力、核心稳定性	深蹲、弓步蹲、硬拉、核心训练，每周 2 次

3. 训练计划示例（16 周）

目标：安全完赛，全程马拉松在 4 小时 30 分钟内完成

训练频率：每周 4～5 次

训练周期	周跑量	训练内容
基础期（1～4 周）	30～40 km	慢跑＋力量训练，每周 1 次长跑（12～16 km）
强化期（5～8 周）	40～50 km	增加间歇跑、节奏跑，长距离增至 20 km
巩固期（9～12 周）	50～60 km	训练高峰期，每周长跑增至 30 km，节奏跑 6～10 km
赛前调整期（13～16 周）	40～30 km	降低跑量，保持状态，赛前 2 周最大跑量 20 km

4. 赛前注意事项

- 饮食调整：提高碳水摄入，确保糖原储备充足。
- 跑鞋选择：提前适应比赛用鞋，避免新鞋比赛导致不适。
- 赛前补水：长跑前 1 小时适量饮水，避免脱水影响发挥。
- 补给策略：长跑过程中适量摄入能量胶/运动饮料，避免体能透支。

DeepSeek 回答

训练安排：

- 每周训练 4～5 天，包含慢跑、间歇跑、节奏跑和力量训练。
- 长距离慢跑：每周 1 次（从 12 km 逐渐增至 30 km）。
- 间歇训练：400 m×8 组（配速比目标快）。
- 节奏跑：每周 1 次（6～10 km，接近比赛配速）。
- 力量训练：每周 2 次（增强腿部耐力、核心稳定性）。

营养与恢复：

- 高碳水饮食（跑前补充能量，跑后恢复糖原）。
- 充足睡眠（7～8 小时，提高恢复能力）。
- 科学补水（比赛前 1 小时适量补水，跑步时适时补充电解质）。

比赛策略：

- 前半程保持稳定配速，避免前半程跑太快导致后半崩溃。
- 适时补给（每 5 km 补充水分＋能量胶）。
- 保持良好心态，分段设定小目标，降低心理压力。

➡ 案例回放复盘

在本案例中，探讨了如何科学训练以备战马拉松，并强调了精准提问在获取高质量训练建议中的重要性。在马拉松训练中，盲目跟随大众训练计划可能导致训练不匹配自己的能力，增加受伤风险。因此，学会精准提问，不仅能提高训练效率，还能帮助你根据自身特点找到最适合的训练策略，确保安全完赛甚至突破个人成绩。科学训练的提问技巧总结见表 3.6。

表 3.6　科学训练的提问技巧总结

技　巧	具 体 方 法
设定明确目标	如"4个月后全马目标4小时30分钟"
提供个人基础	说明当前跑量、配速、最大跑距，帮助定制训练强度
询问训练安排	如"如何安排长跑+间歇跑+力量训练？"
关注饮食与恢复	询问如何安排补给、赛前碳水负荷、补水策略

3.3　亲子助手：功课、兴趣、手工 DIY 全搞定

陪伴孩子成长，既需要智慧，又需要创意。DeepSeek 可以帮助家长辅导孩子作业，提供清晰的解题思路；也可以推荐适龄的科普实验和手工 DIY 项目，增强孩子的兴趣和创造力。无论是应对学业难题，还是寻找亲子活动的灵感，让 DeepSeek 成为你的得力助手，帮助孩子在玩中学、在学中玩。

3.3.1　功课辅导：如何高效辅导孩子功课

许多家长在辅导孩子功课时会遇到各种难题，如孩子注意力不集中、学习方法不当、理解能力不足、抗拒家长辅导等。这不仅让孩子学习效率低下，也容易造成亲子间的焦虑和冲突。如何科学辅导孩子的功课，既能提升学习效果，又能让家长与孩子的关系更和谐？本案例将展示用 DeepSeek 帮助家长找到高效辅导策略，培养孩子的自主学习能力，让学习变得更轻松。

> **编写提示词指令**

许多家长在面对孩子的学习问题时，常常只会简单提问。例如：

> ✘ 孩子学习跟不上，怎么办？

这个提问没有具体指向是哪个科目、学习内容或困难点，因此难以得到有针对性的解决方案。为了获得更具针对性的辅导方法，可以尝试加入更多的信息。例如：

> ✔ 孩子六年级，数学考试成绩不理想，主要是应用题和计算题错太多。他平时写作业的速度很慢，也不喜欢做练习题。我应该如何帮助他提高数学成绩？

这个提问提供了孩子的年级、学习弱点、学习习惯、家长希望解决的问题，从而能够获得更精准的学习辅导建议。

> **DeepSeek 深度思考**

辅导孩子功课，家长不能仅仅是"监督"和"批改作业"，更重要的是帮助孩子掌握正确的学习方法，建立良好的学习习惯，同时避免因辅导方式不当而让孩子产生抵触情绪。我会从以下几个方面提供辅导策略。

1. 了解孩子的学习困难

辅导孩子之前，家长需要先弄清楚孩子学习困难的真正原因。
- 概念理解不足：孩子可能不理解某些知识点，需要更深入的讲解。
- 做题技巧缺乏：考试常出错，可能是题型练习不足，或者答题思路不清晰。
- 学习习惯问题：如拖延、粗心、容易分心，影响学习效果。
- 缺乏兴趣和动力：孩子可能觉得学习枯燥，需要引导兴趣。

2. 科学辅导方法

学习难点	辅导方法
概念理解困难	结合生活实例讲解，如数学题可以用购物、游戏来演示；英语语法可以通过故事和动画加深印象
计算题出错	训练书写整齐、步骤分明，使用口算＋草稿结合的方法减少粗心
记忆单词困难	采用思维导图、单词卡片、故事联想法，让孩子通过有趣的方式记住单词
写作能力不足	让孩子先口头表达，再写下来，练习用关键词整理思路，提高逻辑能力
注意力不集中	采用番茄工作法（25分钟专注学习＋5分钟休息），让孩子逐步提升专注力

3. 建立良好的学习习惯
- 固定学习时间，减少拖延，提高专注力。
- 适当奖励机制，让孩子对学习产生正向反馈。
- 让孩子讲解知识点，提升理解能力，而不是被动接受。
- 减少负面情绪干扰，不要因为孩子错误太多而责骂，应给予鼓励。

> **DeepSeek 回答**

要帮助他提升数学成绩，需要从精准定位问题 → 设计个性化学习方案 → 提高兴趣 → 养成良好习惯四个方面入手。

解析数学学习困难的核心原因

孩子的数学问题主要表现在计算题容易出错和应用题理解困难，我们可以拆解分析可能的成因。

1. 计算题出错的可能原因
- 粗心大意：习惯性跳步骤、数字抄错、漏算、运算符号看错。

- 计算能力薄弱：心算速度慢，笔算步骤不清晰，进位和退位概念不扎实。
- 题型熟练度不够：没有形成固定解题策略，遇到复杂计算容易乱。

2. 应用题理解困难的可能原因

- 逻辑思维不清晰：看不懂题目关系，不知道如何提取关键信息。
- 数学阅读能力弱：对题干描述理解不到位，容易误解问题。
- 缺少解题方法：不会建立数学模型，不知道如何把问题转化成数学式子。

3. 数学学习习惯不佳的可能原因

- 学习兴趣低：对数学缺乏成就感，觉得难、不愿学。
- 主动性差：需要家长催促才做作业，不会主动复习。
- 抗拒练习：遇到难题容易放弃，不愿多做思考。

针对性提升策略

1. 提高计算题正确率的策略

（1）培养书写规范，减少粗心：
- 让孩子写清楚每个步骤，避免跳步计算。
- 让孩子口述解题思路，加强逻辑意识。
- 每次考试或作业后，标记容易出错的类型，建立错题本。

（2）训练计算能力，提升准确率：
- 每日 5~10 分钟心算练习（如口算卡片、快速计算小游戏）。
- 使用分步计算法（如笔算分步写清楚，提高运算精度）。
- 错题重做 2 遍，归类分析（错误类型：进位出错？抄错数字？）。

（3）掌握高效检验方法：
- 计算题做完后反向计算检查答案是否正确。
- 训练孩子在考试前留出 5 分钟专门检查计算题。

2. 提升应用题解题能力的策略

（1）培养数学阅读理解能力：
- 让孩子画图辅助理解题目，如用条形图、线段图表示问题关系。
- 让孩子用自己的话复述题目，确认他真正理解了题目要求。
- 练习关键字提取，如"比……多""一共""平均"表示什么运算。

（2）建立解题步骤，提高解题效率：
- 第一步：读题并圈出关键数字和关键词。
- 第二步：画图或者列出关系，找到等量关系。
- 第三步：列出算式，并验证是否符合题意。
- 练习分类归纳题型，让孩子知道"不同类型的应用题如何解"。

（3）从生活中引导数学思维：
- 购物时让孩子计算找零和折扣。
- 让孩子测量家里物品的长度、面积，增强单位转换能力。
- 玩数学相关的桌游（如数独、24点游戏）。

3. 培养良好学习习惯

（1）建立固定的学习时间：
- 每天固定一个时间段做数学练习（如晚饭后 30 分钟）。
- 用番茄钟学习法（25 分钟学习 +5 分钟休息），提高专注度。

（2）使用奖励机制，增强成就感：
- 挑战模式：每天完成一定数量的题目，可获得小奖励（如贴纸、自由时间）。
- 目标激励：设定小目标，如"这周计算题正确率提高到 90%"。
- 游戏化学习：用积分、闯关模式提高孩子的学习兴趣。

（3）培养自主学习能力：
- 让孩子自己改错题，并用"讲题模式"向家长解释解法。
- 练习"自己检查作业"，避免总是依赖家长。

兴趣培养：如何让孩子爱上数学？

数学兴趣＝挑战＋成就感＋趣味性，可以采用以下方法激发孩子的数学兴趣。

1. 将数学和兴趣结合
- 如果孩子喜欢乐高、积木，可以结合立体几何讲解数学概念。
- 让孩子编写自己的数学题目，然后让家长解答，增加成就感。
- 使用有趣的数学 App 或网站（如 Photomath、可汗学院、Mathletics）。

2. 提供正向反馈，减少焦虑
- 避免总是批评孩子"你怎么又错了"，而是用鼓励方式"你这题思路很好，这里改一下就更完美了！"
- 给孩子制定"进步可视化"，如计算正确率曲线，看到自己越来越进步。

具体执行方案

1. 每日学习计划（30～40 分钟）

时　　间	任　　务
5～10 分钟	计算题专项练习，培养准确率
15～20 分钟	复习和巩固应用题，练习数学阅读理解
10 分钟	错题整理和思考，让孩子讲解错误原因

2. 每周安排
- 周一至周五：日常练习（计算＋应用题）。
- 周六：趣味数学活动（游戏、故事、生活数学）。
- 周日：错题总结和复习，巩固本周学习内容。

3. 每月目标
- 计算题正确率提高至 90%。
- 每周掌握 1～2 种新应用题解法。
- 逐步提升自主学习能力（如自己改错题）。

▸ 案例回放复盘

在本案例中，探讨了如何科学辅导孩子功课，并强调了精准提问在学习辅导中的重要性。科学辅导孩子功课的关键在于找到学习薄弱点、采用针对性辅导方法、培养良好学习习惯，家长要学会优化提问，才能快速获得最有效的解决方案，提升孩子的学习效果！科学辅导功课的提问技巧总结见表3.7。

表 3.7　科学辅导功课的提问技巧总结

技　巧	具　体　方　法
设定具体问题	如"孩子计算题经常出错，如何帮助他减少粗心？"
提供学习背景	说明年级、科目、学习情况，让建议更精准
描述学习困难	如"孩子应用题总是扣分，是因为知识概念储备不足，还是不理解题目内容？"
询问具体辅导方法	如"有什么方法可以让孩子更快理解错题原因？"，获取可执行方案

3.3.2　兴趣培养：如何科学激发孩子的学习动力

在孩子的成长过程中，兴趣是最好的老师。但许多家长常常发现，孩子对学习提不起兴趣，做事3分钟热度，或者对某些领域（如阅读、数学、科学）缺乏动力。如何科学引导孩子找到兴趣点，并且让兴趣变成持久的学习动力？本案例将告诉家长如何利用 DeepSeek 掌握兴趣培养的方法，让孩子爱上探索和学习，提升自驱力。

▸ 编写提示词指令

在培养孩子兴趣的过程中，家长的提问方式直接影响获取建议的精准度，从而决定是否能真正帮助孩子找到兴趣点、建立学习动力。很多家长会直白地向 DeepSeek 提问。例如：

> ✗ 孩子对什么都提不起兴趣，怎么办？

但这样的问题过于笼统，难以找到合适的引导方式。如果想要更加具体、有可行性的建议，提问时应将背景信息补充完整。例如：

> ✓ 我家孩子7岁，对阅读没兴趣，但喜欢听故事和看动画。他上学后识字慢，导致他不喜欢看书。我该如何培养他的阅读兴趣？

这个问题明确了孩子的年龄、兴趣、阅读困难的原因，可以获得针对性的培养方案，如通过听书、亲子共读、图画书引导阅读兴趣。

> **DeepSeek 深度思考**

兴趣培养＝发现兴趣点＋营造氛围＋提供挑战。培养兴趣不仅仅是让孩子"喜欢做某件事",更重要的是让兴趣成为成长动力,激发探索精神。

1. 找到孩子的兴趣点(兴趣的种子)

观察孩子的自然偏好:注意孩子在什么事情上表现得最专注(如拼乐高、画画、听故事)。

测试多种活动:让孩子尝试不同领域的活动,如音乐、编程、运动、科学实验,找到他们真正喜欢的。

发现兴趣背后的核心动机:
- 喜欢搭积木的孩子可能对空间思维感兴趣(可以尝试数学、编程)。
- 爱讲故事的孩子可能对语言表达有天赋(可以尝试写作、表演)。
- 喜欢拆装玩具的孩子可能对工程、机械感兴趣(可以尝试 STEM 课程)。

2. 让兴趣更具吸引力(营造沉浸式环境)

把学习和兴趣结合:
- 数学＋乐高 → 让孩子用乐高搭建几何形状、分数模型。
- 阅读＋动画 → 让孩子看动画版故事,再引导阅读原版书。
- 历史＋角色扮演 → 让孩子扮演历史人物,加深理解。

给孩子选择权:提供多个选项,如"你想学机器人编程还是科学实验?"让孩子感受到自主权,而不是被强迫。

搭建"兴趣圈子":让孩子和有相同兴趣的伙伴一起玩耍。例如:
- 喜欢阅读的孩子可以加入图书俱乐部。
- 喜欢科学的孩子可以参加 STEAM 课程或科普展。
- 喜欢运动的孩子可以参与团队训练。

创造探索空间:家中设立兴趣。例如:
- 阅读角(书架＋舒适的阅读环境)。
- 科学角(显微镜、小实验器材)。
- 手工角(画画工具、拼图)。

3. 让兴趣变成持续的动力(培养挑战意识)

从兴趣到技能,建立"成就感机制":
- 设定小目标:如"每周完成一幅画"或"用乐高搭建一个桥梁"。
- 记录成长过程:给孩子建立"兴趣成长记录本",记录他学到的新知识、完成的项目。
- 让孩子教别人:如让他向家人、朋友展示自己做的科学实验,增加自信。

鼓励孩子尝试新挑战:
- 喜欢画画的孩子,可以尝试数字绘画、设计漫画。
- 喜欢乐高的孩子,可以学习编程机器人。
- 喜欢讲故事的孩子,可以学习拍短视频、配音。

正确面对挫折:

- 让孩子理解"兴趣成长＝挑战＋错误＋改进"。
- 给予鼓励:"你已经比上次做得更好了!"而不是"你怎么还没学会?"。
- 家长不插手解决,而是让孩子自己思考解决办法,提高主动性。

> **DeepSeek 回答**
>
> **第一步:利用有声绘本和动画改编书,降低阅读门槛**
>
> 孩子喜欢听故事和看动画,说明他对"故事"本身感兴趣,但对文字阅读存在障碍。家长可以选择有声绘本,或者动画改编的故事书,让他在熟悉故事的同时,通过听觉辅助理解文字内容。例如,可以播放有声书,同时让孩子翻看书页,帮助他建立文字和故事情境的联系。
>
> **第二步:增加互动,让阅读变得更有趣**
>
> 简单的"让孩子读书"往往缺乏吸引力,家长可以采用互动式阅读,如角色扮演(你当旁白,孩子当主角),或者情节预测("你猜下一页会发生什么?")。如果孩子喜欢某个动画角色,可以用该角色的口吻去朗读,让故事变得生动。
>
> **第三步:从识字游戏到自主阅读,逐步增强信心**
>
> 很多孩子不愿意看书的原因是"识字慢"导致阅读吃力。家长可以把阅读拆解成更简单的任务,如让孩子寻找特定的字("你能在这一页找到'龙'这个字吗?"),或者让他模仿角色朗读几句话。随着孩子的识字量增长,可以尝试鼓励他自己读几行文字,逐步培养阅读习惯。
>
> **第四步:建立阅读仪式感,让孩子爱上读书**
>
> 家长可以设定一个睡前阅读时间,选择一本孩子感兴趣的书,每晚读几页。也可以建立一个小型阅读角,放上孩子喜欢的书,并允许他自己选择想读的内容。如果孩子觉得阅读是日常的一部分,而不是学习任务,他会更容易接受。
>
> **第五步:鼓励并强化阅读带来的成就感**
>
> 当孩子尝试自己阅读时,一定要给予积极反馈。即使他只读了几个字,也可以说:"哇,你今天自己读了三个字!太棒了!"这种鼓励可以增强孩子的阅读自信,让他更愿意继续尝试。

▶ 案例回放复盘

在兴趣培养中,家长可以用更精准的提问方式,帮助孩子找到适合的兴趣领域,并建立长期学习动力。精准提问能帮助家长更快找到适合孩子的兴趣培养方法,避免盲目尝试,提高孩子的学习动力,让他们在兴趣的引导下成长为更优秀的自己!兴趣培养的提问技巧总结见表3.8。

表 3.8　兴趣培养的提问技巧总结

技　　巧	具　体　方　法
设定具体目标	如"如何让孩子对科学更感兴趣？"
提供孩子特点	说明年龄、性格、现有兴趣爱好，让建议更精准
描述学习困难	如"孩子喜欢听故事但不爱阅读，如何培养阅读兴趣？"
询问培养策略	如"如何将数学和孩子喜欢的手工结合？"

3.3.3　节日手工：如何和孩子一起制作孔明灯，寓教于乐地体验元宵节传统

元宵节是中国传统佳节，赏灯、放孔明灯（天灯）寓意着祈福平安、美好愿望。然而，现在放飞孔明灯由于安全和环保问题受到限制，但我们仍然可以和孩子一起动手制作迷你孔明灯，让孩子在制作过程中感受传统文化的魅力，锻炼动手能力，同时了解孔明灯的由来和寓意。如果希望 DeepSeek 提供寓意美好、安全环保的孔明灯手工制作方案，如何优化提问？本案例将探讨如何精准提问，让 DeepSeek 生成可操作性强的孔明灯制作教程。

扫一扫，看视频

▶ 编写提示词指令

如果用户直接提出问题。例如：

> ✗ 怎么做孔明灯？

DeepSeek 可能会给出传统孔明灯的制作方法，如用竹篾和宣纸制作，再加上蜡烛或燃烧材料放飞。但这种方案涉及火源，不适合孩子操作，也不符合现代环保要求。如果希望获得适合亲子制作、环保、安全的孔明灯手工制作方案，需要优化提问。例如：

> ✔ 如何用环保材料（彩纸、竹签、LED 小灯）和 7 岁的孩子一起制作一个可以悬挂的孔明灯，让孩子了解元宵节的文化，并在灯上写上祝福语？

通过这样的提问，DeepSeek 会提供一个适合 7 岁孩子的、无须火源的、安全环保的迷你孔明灯制作方案，同时融入文化寓意和互动环节。

DeepSeek 深度思考

好，我需要为用户设计一个适合 7 岁孩子的元宵节孔明灯手工制作方案，要求环保、安全、不使用火源，且能让孩子体验传统文化。考虑到这些要求，我会设计一个迷你孔明灯，使用轻质彩纸、竹签框架和 LED 小灯，既保留孔明灯的造型和寓意，又可以作为室内装饰，增强元宵节的氛围。

（1）环保&安全：传统孔明灯使用燃烧材料升空，不适合孩子，因此本方案采用LED电子灯，避免明火风险，同时环保可重复使用。

（2）寓意：孔明灯寓意祈福平安，因此可以让孩子在灯上写下愿望，增强文化体验。

（3）简单易操作：7岁孩子的精细操作能力有限，因此设计尽量使用现成材料，步骤要简单，避免复杂的编织和黏合结构。

DeepSeek 回答

7岁孩子环保安全孔明灯制作教程：

1. 材料准备（家中易得）
- 红色或黄色彩纸（A4大小，代表吉祥）。
- 竹签或细吸管（用于制作灯框）。
- LED小灯或荧光棒（代替传统火源，保证安全）。
- 透明胶或热熔胶（用于固定框架）。
- 剪刀、打孔器。
- 绳子（用于悬挂）。
- 彩笔（用于写祝福语）。

2. 粘贴彩纸
- 剪裁4片相同大小的红色彩纸，尺寸略大于竹签框架的4个侧面。
- 在其中一片彩纸上写下祝福语，如"阖家欢乐""平安健康""心想事成"等。
- 用胶水将彩纸粘贴在框架上，包住4个侧面，留下顶部和底部开口。

3. 安装LED灯
- 在孔明灯的底部中心位置，用透明胶粘贴一个LED小灯（或可放置一个荧光棒）。
- 添加悬挂绳。
- 在顶部4角打孔，穿入细绳，系紧，形成提手，可悬挂在家中。

➤ 案例回放复盘

在本案例中，探讨了如果希望DeepSeek提供给孩子、可操作性强的孔明灯手工制作方案，提问时需要明确孩子年龄、制作目的、安全限制、材料范围和文化寓意，避免DeepSeek只提供传统孔明灯的制作方法。通过精准提问，可以让DeepSeek提供符合孩子动手能力、安全环保、富有文化意义的孔明灯手工制作方案，让元宵节DIY变得更加有趣和有意义。节日手工制作的提问技巧总结见表3.9。

表 3.9　节日手工制作的提问技巧总结

技　　巧	具 体 方 法
指定孩子年龄	说明适合 5 ~ 7 岁、8 ~ 10 岁还是更大孩子的手工制作方案
明确制作目的	说明是"仅用于展示"还是"希望能点亮悬挂"
设定安全要求	避免明火，使用 LED 小灯代替蜡烛
材料范围	是否仅使用家中常见材料，如彩纸、吸管、LED 小灯等
加入文化寓意	是否希望让孩子了解孔明灯的历史和祈福传统

3.4　家庭收纳 & 家务管理：营造整洁有序的家居环境

面对乱糟糟的厨房、堆满衣服的衣柜以及家庭成员之间的家务分配矛盾，如何才能提高整理效率，让家居环境变得更整洁有序？DeepSeek 可以提供收纳技巧、断舍离方法，并帮助制定合理的家务分工表，让整理和清洁变得更有条理。小小的改变，就能让家居环境更加井井有条，让生活更加轻松愉悦。

3.4.1　清洁小妙招：如何让 DeepSeek 生成高效实用的清洁小妙招

日常清洁是每个家庭都会面临的任务，但很多人常常遇到这样的问题：顽固污渍难以清除、清洁方法复杂费时、使用化学清洁剂担心对健康有害等。在这个过程中，大家往往希望找到简单、快速、环保、成本低的清洁小妙招。如果想让 DeepSeek 提供更符合需求的清洁技巧，应该如何精准提问以获得既实用又高效的回答呢？

> ▶ 编写提示词指令

在向 DeepSeek 询问时，提问的质量直接决定了回答的精准度、实用性和可操作性。如果指令过于模糊或缺乏具体信息。例如：

> ✘ 给我一些清洁小妙招。

DeepSeek 可能会给出一些粗略的建议，如"用醋和小苏打清洁厨房"或"柠檬可以去除异味"等，但这些技巧可能过于基础，缺乏针对性。如果提问经过优化，明确表达具体需求，DeepSeek 则能给出更加精准、有针对性的解决方案。例如：

> ✔ 如何用家里常见的材料（如白醋、小苏打、柠檬等）快速清洁厨房顽固油污，避免使用强效化学清洁剂？

这个提问则能够让 DeepSeek 精准理解需求，提供可操作的解决方案，大幅提升回答的价值。

DeepSeek 深度思考

好，我需要为用户提供一个高效、环保、无害的厨房顽固油污清洁方法，使用的是家中常见的材料，如白醋、小苏打、柠檬等。我需要确保以下几点：

（1）去污效果强——油污堆积时间久，会形成黏腻的顽固层，因此方法必须能够有效分解油脂。

（2）安全环保——避免强效化学清洁剂，如含氯漂白剂、强碱性去污剂，以保证对人体和环境友好。

（3）操作简单——方法应适合日常家庭操作，步骤不能过于烦琐，以便节省时间。

（4）适用范围广——能适用于炉灶、油烟机、餐具、厨房墙壁等多个油污区域。

考虑到这些因素，我会选择使用小苏打＋白醋的组合，因为它们能产生泡腾反应，有效溶解油污，同时加入柠檬，能提供去污和清新气味的双重效果。接下来，我会设计一个具体的清洁方案。

DeepSeek 回答

如何用家中常见材料清洁厨房顽固油污？

所需材料：小苏打（吸附油污，软化顽固污渍）、白醋（分解油脂，去除异味）、柠檬（增添清香，增强去污效果）、热水（加速溶解油污）、喷雾瓶（便于涂抹清洁液）、旧牙刷或海绵（用于刷洗顽固污渍）、抹布（擦拭残留物）。

步骤：

（1）制作清洁液：在喷雾瓶中混合 1 杯白醋和 1 杯热水，再加入 2 汤匙小苏打（注意：会产生气泡，需缓慢加入）。可额外加入几片柠檬，让清洁液带有清新香味。

（2）喷洒油污表面：将清洁液均匀喷洒在厨房油污较重的地方，如炉灶、抽油烟机、厨房瓷砖等，静置 5～10 分钟，让溶液充分分解油脂。

（3）刷洗顽固污渍：对于厚重油污，用旧牙刷或海绵轻轻刷洗，以去除顽固残留物。

（4）用湿布擦拭：用湿抹布擦掉溶解的油污，再用干净的布擦干，防止残留水渍。

（5）额外去污技巧：如果油污仍然顽固，可直接用小苏打撒在污渍上，轻轻刷洗后再喷白醋进行二次分解。

适用范围：炉灶、抽油烟机、厨房墙面、餐具、水槽。

额外小技巧：

- 防止油污堆积：每次烹饪后，用湿布蘸一点白醋擦拭灶台，可有效减少油污黏附。
- 快速去除餐具油渍：在洗碗水中加入几滴柠檬汁，可增强去油能力，让餐具更易清洗。
- 去除厨房异味：用柠檬皮＋小苏打混合放在角落，可以吸附异味，保持空气清新。

▶ **案例回放复盘**

在日常生活中,清洁问题是每个家庭都会遇到的挑战。虽然市面上有很多清洁产品,但人们往往希望找到简单、经济、环保且高效的清洁方法。在本案例中,探讨了如何生成高效实用的清洁小妙招,要让 DeepSeek 生成更精准的清洁技巧,提问时需要明确清洁对象、污渍类型、材料限制等细节。生成清洁小妙招的提问技巧总结见表 3.10。

表 3.10 生成清洁小妙招的提问技巧总结

技 巧	具 体 方 法
指定清洁对象	说明是清洁厨房、浴室、玻璃、衣物等
描述污渍类型	明确是油污、水垢、霉菌、异味、顽固污渍等
设定材料偏好	指定是否希望使用环保材料、家用常见材料
强调时间要求	说明是想要快速清洁还是进行深度清洁
考虑特殊需求	适用于宠物家庭还是儿童家庭,说明是否需要无毒清洁方法

3.4.2 家庭收纳:如何让 DeepSeek 生成符合需求的家庭收纳指南

家庭收纳是许多家庭都会面临的问题。无论是杂乱的厨房、堆满衣物的卧室,还是孩子玩具遍地的客厅,如何让家居环境变得整洁有序,是许多人的困扰。虽然网上有大量收纳技巧,但很多人仍然难以找到适合自己家庭情况的方法。如果希望 DeepSeek 生成高效、实用、符合自己需求的家庭收纳方案,提问方式至关重要。本案例将分析如何优化提问,让 DeepSeek 提供精准的家庭收纳策略。

扫一扫,看视频

▶ **编写提示词指令**

如果仅向 DeepSeek 提出简单的问题,则 DeepSeek 无法针对不同家庭的实际情况给出建议。例如:

✘ 给我一些家庭收纳技巧。

DeepSeek 可能会给出一些通用的收纳技巧,如"分类整理""合理利用空间""使用收纳盒"等,但缺乏针对性,难以解决用户的具体问题。如果想获得更具体、更易执行的方案,需要在提问中加入细节。例如:

✔ 如何在 60 平方米的小户型中利用现有家具高效整理孩子的玩具和书籍,同时保持客厅整洁?

DeepSeek 能够根据小户型、现有家具、孩子的玩具和书籍等关键因素,提供具体的收纳策略，如"利用墙面收纳""隐藏式储物""玩具分类系统"等，确保方案符合家庭需求。

DeepSeek 深度思考

好，我需要为用户设计一个适合60平方米小户型的收纳方案，重点关注孩子的玩具和书籍，并且不增加额外家具，只利用现有资源。这意味着我的方案必须做到以下几点。

（1）节省空间——小户型意味着收纳空间有限，需要充分利用墙面、角落、家具底部等区域。

（2）易于管理——孩子的玩具和书籍需要方便拿取，否则孩子很难养成整理习惯，家长也不方便管理。

（3）不影响客厅美观——玩具容易堆得到处都是，因此需要隐藏式收纳或可快速整理的方案。

基于这些考虑，我将设计一套简单实用的儿童玩具和书籍收纳方案。

DeepSeek 回答

1. 利用墙面 & 角落空间

- 安装壁挂式书架：利用客厅墙面安装窄边壁挂书架，摆放孩子常看的绘本。这样书籍既整齐又能作为装饰，孩子也能随手取用。
- 墙面挂袋：可以在孩子的活动区安装多层墙面挂袋，用于存放小型玩具、文具或拼图，节省地面空间。

2. 让沙发 & 茶几变身"隐形收纳空间"

- 沙发下收纳箱：如果沙发下方有空隙，可以使用带滑轮的收纳箱，将孩子不常玩的玩具归纳进去，方便拖拉取用。
- 带盖式收纳茶几：使用可掀盖的储物茶几，把孩子的积木、绘本等收纳其中，随用随取，同时保持客厅整洁。

3. 玩具分类 & 快速整理系统

- "一篮一类"原则：使用透明收纳篮，将玩具按照类型（积木、毛绒玩具、拼图）分类，贴上标签，孩子可以轻松找到并整理。
- "整理倒计时游戏"：每天玩完后设定一个3～5分钟倒计时，让孩子在规定时间内快速归位玩具，养成整理习惯。

4. 充分利用门后 & 床底空间

- 门后挂袋：在孩子房间或客厅门后安装收纳袋，存放小型玩具或绘本，节省桌面空间。
- 床底滑动收纳箱：如果孩子的床底有足够空间，可以放置带滑轮的收纳箱，存放换季衣物或不常用的玩具，释放客厅空间。

5. 适应孩子成长的灵活收纳

- 可调整层板书架：选择可以调整高度的书架，确保孩子长大后仍然适用，避免频繁更换家具。
- 折叠式收纳箱：使用可折叠的布艺收纳箱，玩具减少时可收起，节省空间。

▶ **案例回放复盘**

如果希望 DeepSeek 提供精准、实用的家庭收纳建议，提问时需要明确收纳对象、空间限制、目标和特殊需求。在本案例中，DeepSeek 结合了小户型的空间限制、儿童物品的整理需求和不增加额外家具的条件，提供了一套符合实际操作的收纳方案。通过精准提问，可以让 DeepSeek 生成更符合自己家庭需求的收纳方案，让家居整理变得更加高效、简单、可持续。家庭收纳的提问技巧总结见表 3.11。

表 3.11 家庭收纳的提问技巧总结

技　巧	具　体　方　法
指定收纳空间	说明是客厅、厨房、卧室、浴室、衣柜等
明确收纳对象	指定是衣物、玩具、厨房用品、杂物、文件等
设定空间限制	说明是否是小户型、是否希望节省空间
设定收纳目标	如"需要方便拿取""希望隐藏收纳""不增加额外家具"等
考虑特殊需求	说明是否是儿童家庭、宠物家庭、预算是否有限

3.4.3 家务分工：如何让 DeepSeek 提供更精准的家务分工方案

在现代家庭生活中，家务分工是一个常见但又容易引发矛盾的问题。家务负担不均、责任不明确、执行力不足等都是家庭成员可能面临的挑战。如果希望 DeepSeek 提供一个公平合理、符合家庭成员需求的家务分工方案，提问方式至关重要。本案例将探讨如何优化提问，让 DeepSeek 生成高效的家务分工方案。

▶ **编写提示词指令**

如果直接问 DeepSeek。例如：

> ✘ 如何分配家务？

DeepSeek 可能会给出一些笼统的建议，如"合理分配任务""轮流做家务""设定奖励机制"等。但这些回答没有针对具体家庭情况，缺乏可执行性。如果想获得真正可行的方案，需要在提问时提供更多信息。例如：

> ✔ 我们是一个 5 口之家（夫妻 + 8 岁孩子 + 退休父母），夫妻工作繁忙，孩子需要培养家务意识，父母可以帮忙做轻松的家务。如何制定一个合理的家务分工方案？

通过这样的提问，DeepSeek 可以获取家庭的大概信息和成员分配，并根据不同家庭成员的能力、时间安排和需求，提供具体的家务分工方案，并且可能加入游戏化元素，让孩子更愿意参与。

DeepSeek 深度思考

好，我需要为用户设计一个适用于 4 口之家的家务分工方案，考虑到：

（1）夫妻工作繁忙——他们可能只能在下班后或周末承担家务，因此不适合安排烦琐的每日任务。

（2）8 岁孩子需要培养家务意识——孩子可以参与简单的家务，但不宜过重。

（3）退休父母可以帮忙——他们可能有时间，但不适宜做体力消耗较大的家务。

需要确保家务公平分配，同时让孩子愿意参与，因此可考虑任务轮换制和奖励机制。

基于这些考虑，我将制定一个合理分工＋激励机制的方案。

DeepSeek 回答

1. 设定家务清单，按能力分工 1

首先，我们将家务按劳动强度和适合人群进行分类。

家务类型	适合人群	频率
洗碗	爸爸/妈妈/孩子（简单任务）	每天
垃圾分类＆倒垃圾	爸爸/妈妈/孩子（监督）	每天
简单扫地	孩子（使用轻便扫帚）	每天
擦桌子	孩子	每天
洗衣＆晾衣服	爸爸/妈妈	隔天
叠衣服	退休父母	隔天
煮饭＆备餐	退休父母/妈妈	每天
深度清洁（拖地、擦窗等）	爸爸/妈妈	每周一次

2. 采用任务轮换制，确保公平

为了避免家务分配不均，可以采用轮换制。例如：

- 洗碗任务：夫妻轮流，孩子可以帮忙擦干餐具。
- 垃圾分类：孩子每天负责监督并带父母一起完成。
- 拖地/擦窗：夫妻周末轮流完成，避免单方负担过重。

3. 让孩子更愿意参与：游戏化家务激励机制

为了让 8 岁孩子积极参与家务劳动，可以采用积分奖励制度。例如：

- 每完成一项家务，就获得 1 颗星星（家长可用小贴纸记录）。
- 达到 10 颗星星，可以兑换额外 30 分钟动画片时间或周末小零食奖励。
- 如果连续 1 周都主动完成家务，可以获得"本周家务小达人"称号，并获得一张特别奖励卡（可用于换取一次外出活动，如公园游玩）。

▶ 案例回放复盘

在本案例中，探讨了如何利用 DeepSeek 生成精确的家务分工方案。精确的提问方式能帮助 DeepSeek 提供公平、高效、符合实际的家务分工方案，让家庭生活更加和谐有序。家务分工的提问技巧总结见表 3.12。

表 3.12 家务分工的提问技巧总结

技　巧	具　体　方　法
描述家庭成员	说明家庭构成（是否有孩子、老人、全职家长等）
明确成员时间安排	说明夫妻是否上班、孩子是否有课业压力等
设定家务类型	说明需要分配的家务，如洗衣、做饭、清洁等
考虑分工模式	说明采用固定责任制还是轮换、是否需要公平调整
是否有激励机制	说明是否需要奖励措施让孩子或家人更愿意参与

3.5　守好钱包：理财、预算和安全小贴士

是否常常感到工资刚发便所剩无几？是否对投资理财毫无头绪？是否难以抑制网购的冲动？ DeepSeek 能够为你提供专业的财务规划支持。它能够为你制定科学合理的消费预算，精准分析投资风险，并提供有效的购物控制策略，使你的每一笔支出都更具价值。无论你是希望积累储蓄、进行理财规划，还是避免冲动消费，DeepSeek 都能成为你值得信赖的智能财务顾问，助你筑牢财富根基。

3.5.1　个人财务管理：如何优化收入与支出，建立长期财富积累

在当今社会，个人财务管理已经不仅仅是"收支平衡"这么简单。随着生活水平的提高和消费观念的转变，如何更高效地管理个人财务，达到财富积累的目标，成了许多人关注的问题。无论是刚步入职场的年轻人，还是已经有一定财富积累的中年人，掌握有效的财务管理技巧都有助于更好地应对未来的不确定性。本案例将探讨如何通过 DeepSeek 来进行合理的财务规划，优化个人的收入与支出，并建立稳健的财富增长路径。

▶ 编写提示词指令

当给出的提问十分基础时，DeepSeek 将无法得知用户的具体需求和目标，也无法提供有针对性的解决方案。例如：

> ✘ 如何管理我的个人财务？

想让 DeepSeek 为用户提供具体的支出优化方法、投资组合建议，可以提出具体请求。例如：

> ✔ 我希望在当前收入水平下，通过合理规划支出和投资，实现每年储蓄至少 20% 的收入。请提供支出优化与投资建议，帮助我增加财富积累。

这个指令明确了目标：在当前收入水平下，达到 20% 储蓄，并要求提供具体的支出优化与投资建议。这样的提问能够帮助 DeepSeek 聚焦于财务规划和具体的策略，从而给出精确且可操作的建议。

DeepSeek 深度思考

在分析如何优化个人财务管理时，我首先需要确定目标是"财富积累"。要实现这一目标，单纯依赖收入的增长往往不足以支撑长期的财务目标。因此，关键在于如何通过合理的支出管理和有效的投资策略，在当前收入水平下最大限度地优化财务状况。

我需要考虑个人财务的各个方面，首先是支出管理。每个月的收入往往有一定的限制，如何确保支出的合理分配就变得尤为重要。固定支出（如房租、交通费、保险等）通常难以改变，而可变支出（如娱乐、餐饮、购物等）则是优化的关键。通过精确制定预算，限制不必要的支出，可以有效增加储蓄和可投资资金。

接下来是储蓄与投资的策略。传统的储蓄方式虽然稳妥，但回报率较低。而股票、基金、房地产等投资工具可以为财富积累提供更高的回报，但风险也相对较大。因此，我需要帮助用户理解自己的风险承受能力，设计一个既能提高回报又能避免过度风险的投资组合。

最后，理财的成功往往还依赖于长期的财务规划。因此，我会建议设定具体的财务目标，如每月储蓄的比例、投资的回报预期等，并定期进行财务审查和调整，确保长期财富增长的稳定性。

DeepSeek 回答

支出管理策略

1. 记录和分类支出

使用财务管理工具（如 Mint 或 YNAB），每月记录并分类支出。重点关注可变支出部分，尝试每月减少一些不必要的开支，如外出就餐、购物等非必需品。

2. 设定预算并执行

为每个支出类别设定预算，并确保每月不超支。例如，可以在娱乐和餐饮等非必需品类别设定一个固定金额，避免盲目消费。

3. 自动化储蓄

设置定期自动转账，将每月收入的一部分自动转入储蓄账户，确保储蓄目标的达成。

> **投资策略**
>
> **1. 制定风险适应性投资组合**
>
> 根据自己的风险承受能力，选择适合的投资工具。稳健型投资者可以选择债券和定期存款，而风险承受能力较强的人可以考虑股票、基金等高回报的投资选项。
>
> **2. 长期投资，分散风险**
>
> 投资过程中，要避免把所有资金集中在单一资产类别上。通过分散投资，可以有效降低风险。考虑将资金分配到股票、基金、房地产等多个领域，以降低市场波动带来的风险。
>
> **3. 定期审查投资组合**
>
> 每季度或每年定期检查自己的投资组合，评估是否需要作出调整，特别是在经济形势发生变化时。

▶ 案例回放复盘

在个人财务管理中，如何优化支出与投资，达到财富积累的目标，关键在于详细规划、预算控制与合理投资。通过明确的目标设定、精确的财务追踪与定期调整，个人能够在收入不变的情况下逐步积累财富。个人财务管理的具体技巧总结见表 3.13。

表 3.13　个人财务管理的具体技巧总结

技　巧	具　体　方　法
支出管理	使用财务工具记录支出，设定每月支出预算，并严格执行
储蓄策略	自动化储蓄，确保每月储蓄固定比例，增强储蓄习惯
投资组合策略	根据风险承受能力选择投资工具，分散投资以降低风险
定期审查投资组合	每季度或每年审查投资组合，适时调整以应对市场变化

3.5.2　基金投资：如何选择合适的基金以实现资产增值

基金投资是现代投资理财中一种常见且受欢迎的方式，适合各种投资者，尤其是那些缺乏时间或专业知识的人。通过基金，投资者可以在不必直接购买股票或债券的情况下，通过专家管理的基金组合来实现资产增值。然而，选择合适的基金并非一件简单的事情。如何挑选适合自己的基金、如何根据市场变化调整基金组合、如何评估基金的风险与回报，是每个基金投资者都需要面临的挑战。在本案例中，将探讨如何通过精确的投资策略，选择适合自己的基金，实现长期的资产增值。

▶ 编写提示词指令

不少用户在提出需求时没有描述个人情况，仅仅向 DeepSeek 提出问题。例如：

> ✗ 我要投资基金，应该选择哪只基金？

这个问题过于简洁，缺乏背景和细节，DeepSeek 无法根据个人的风险承受能力、投资目标、资金规模等因素给出具体建议。需要给出更加具体的指令。例如：

> ✓ 我是一名 30 岁的风险偏好中等的投资者，想在未来 5 年内实现资金增值。我的资金约为 10 万元，我希望我的投资组合既能提供一定的安全性，又能在长期内获得适度的回报。请帮我推荐一些适合我的基金，并提供投资策略。

明确投资者的背景、目标、资金规模以及对风险的态度后，DeepSeek 就可以据此提供个性化的基金选择和投资策略。

DeepSeek 深度思考

在基金投资中，首先要确定的是用户的风险偏好。根据问题中提供的背景信息，用户是 30 岁，风险偏好中等，并且有 10 万元的资金。如果用户能承受一定的波动，那可以推荐一些股票型基金、混合型基金或者指数基金等相对风险较高的产品。而如果用户希望更保守地投资，可以选择债券基金、货币市场基金等低风险产品。

此外，用户的投资期限也是关键因素。如果用户投资期限较短，那么短期波动较大的股票型基金就不适合，需要偏向稳定的债券型基金。而如果用户的目标是长期资本增值，并且能够承受较大的波动，那么可以推荐更具潜力的股票型基金，尤其是那些历史回报优良的基金。

另外，用户的资金规模相对较小，建议不要将所有资金集中在单一的基金产品中，而是分散投资，避免过度集中在某一领域的风险。

因此，我需要帮助用户明确其投资目标，并根据其具体情况制定一个合理的基金投资组合，确保基金投资能够与其长期增值目标相契合。

DeepSeek 回答

资金分配策略

1. 股票型基金（30%）

由于投资者对风险有一定承受能力，股票型基金是长期资本增值的有效工具。推荐选择优质的指数基金，或者那些有较好历史业绩的主动管理基金，如标普 500 指数基金，或一些表现良好的中国 A 股基金。

2. 混合型基金（40%）

混合型基金兼具股票和债券的投资特性，可以为投资者提供相对较高的回报，并通过债券部分降低风险。建议选择那些投资风格稳健，资产配置合理的混合基金，如平衡型基金。

3. 债券型基金（20%）

债券型基金较为保守，能够提供较为稳定的回报，适合分散投资风险。可以选择国债基金或企业债基金等风险较低的债券型基金。

4. 货币市场基金（10%）

货币市场基金风险较低，但回报也较为有限，适合用于资金的短期存储和流动性管理。

投资策略

1. 分散投资，降低风险

将资金分散在不同类型的基金中，避免单一基金的波动影响整体资产表现。

2. 定期审查与调整

每季度或每半年审查投资组合的表现，并根据市场变化、投资者的个人目标和风险承受能力进行必要的调整。例如，当股票市场表现较好时，可以适当增加股票型基金的比例，反之则降低股票型基金的投资。

3. 长期持有，避免频繁交易

基金投资需要时间来积累收益，建议投资者保持长期持有的策略，避免因为市场短期波动而进行频繁买卖。

▶ **案例回放复盘**

在进行基金投资时，理解用户的风险偏好、投资目标和资金规模至关重要。通过明确的提问，可以帮助投资者选择最适合自己的基金组合，同时设定合理的分散投资策略和长期增值目标。基金投资的具体技巧总结见表 3.14。

表 3.14　基金投资的具体技巧总结

技　　巧	具　体　方　法
风险评估	根据个人风险承受能力选择适合的基金类型，如股票型、债券型、混合型等
分散投资	通过分散投资来降低风险，避免资金过度集中在单一基金中
定期审查	定期检查基金投资表现，调整投资组合以适应市场变化
长期投资	保持长期持有的策略，避免因短期市场波动而频繁交易

3.5.3　理性消费：如何在日常生活中作出理性消费决策

在当今消费社会中，随着消费方式和选择的不断增加，人们的消费欲望和消费水平也在不断提高。然而，许多消费者往往受广告宣传、促销活动及社会潮流的影响，作出一些冲动消费决策，导致财务压力增大，甚至出现浪费。因此，理性消费成了现代社会中越来越重要的话题。如何做到理性消费？如何避免冲动消费并进行有效的财务规划？本案例将展示如何通过优化提问，引导 DeepSeek 生成理性消费的策略，帮助消费者在日常生活中作出更明智的消费决策。

🔸 **编写提示词指令**

许多消费者可能会直接提出自己的需求。例如：

> ✘ 我怎样才能控制消费？

提问中包含的信息十分有限，只给出了一个目标。DeepSeek 无法根据具体情况给出贴合消费者自身的解决方案。如果消费者给出收入状况、支出问题和目标。例如：

> ✓ 我每个月的收入是 8000 元，支出大部分用于基本生活费和房租。我发现自己每月总是超支，尤其在购物和娱乐方面。请帮助我制订一个理性消费的计划，控制每月的非必需支出。

DeepSeek 就可以从中识别出用户的财务状况（收入和支出）、消费问题（超支，特别是在购物和娱乐上），以及明确的目标（控制非必需支出）。基于这些信息，DeepSeek 可以为用户提供理性消费的策略，并制订具体的财务计划和预算方案。

DeepSeek 深度思考

理性消费不仅仅是控制支出，更是在面对多样化消费选择时，如何根据个人财务状况、需求以及目标作出明智的决策。在理解这个需求时，我需要考虑到以下几个方面。

1. 用户的收入和支出结构

用户的收入为 8000 元，而大部分支出都集中在基本生活费和房租上，这意味着用户已经有固定支出，而超支部分则来自非必需的购物和娱乐。因此，制定预算时，首先要考虑固定支出的比例，再对非必需支出进行严格控制。

2. 非必需支出的管理

用户的超支主要来自购物和娱乐。这类支出往往不是必要的，而在这些支出上容易出现冲动消费。针对这种情况，我需要帮助用户列出必要和非必要的支出清单，并教会用户如何区分它们，进而设定购买标准。

3. 长期消费习惯的培养

理性消费并非一蹴而就的行为，而是需要长期坚持的习惯。为此，我需要帮助用户设定一个合理的预算，教会他们如何通过简单的记账和追踪开销来了解自己的消费习惯，并及时作出调整。

DeepSeek 回答

设定月度消费预算：

每月的收入是 8000 元，扣除固定支出（房租、生活费等）后，假设每月可支配的收入为 3000 元。建议将这 3000 元分为两部分：

● 必需支出：每月 2000 元用于食品、交通等必要开销。

- 非必需支出：仅留 1000 元作为娱乐、购物等消费。

制定消费清单：

每次消费前，建议制定购物清单，并区分哪些是必需品，哪些是非必需品。每个月挑选 1～2 项非必需品作为"奖励性消费"，避免因过度冲动而超支。

节制娱乐消费：

娱乐消费如外出就餐、休闲活动等，可以通过选择优惠的活动或设定娱乐预算来控制支出。例如，将娱乐支出限制在每月 500 元以内，并选择性地参与促销活动。

定期记录和审视消费：

每周进行一次财务检查，记录自己的所有支出，并审视是否符合预算。如果超支，需要及时调整下周的消费计划。使用手机应用（如记账软件）来帮助追踪每笔支出，并进行分析，确保每月支出控制在合理范围。

长期培养理性消费习惯：

建立理性消费的长期规划，并且每月设定小目标。随着时间的推移，你会逐步适应理性消费的方式，并学会更好地控制支出。

▶ 案例回放复盘

要进行理性消费，首先要明确自己的财务状况，包括收入和支出结构。通过优化提问，让 DeepSeek 能够理解自己的具体需求，从而帮助制订更加符合个人财务状况和消费目标的理性消费计划。重要的技巧包括设定预算、列出购物清单、区分必需与非必需消费、定期检查消费记录，并长期培养理性消费习惯。制订理性消费计划的提问技巧总结见表 3.15。

表 3.15　制订理性消费计划的提问技巧总结

技　　巧	具　体　方　法
清晰定义财务状况	提供收入、支出和超支部分的详细信息，帮助制定预算
明确消费目标	设定具体的预算目标，并要求 DeepSeek 提供符合目标的理性消费建议
针对性消费类别询问	区分必需支出和非必需支出，要求 DeepSeek 针对不同类别提供减少支出的策略
培养长期消费习惯	提问时询问如何培养长期的理性消费习惯，避免冲动消费
定期跟踪调整消费	询问如何通过定期记录和审视支出来确保每月支出不超标

3.6 旅行规划不踩坑：行程、美食、交通一条龙

无论是说走就走的短途旅行，还是精心规划的长途探索，旅行中的行程安排、美食推荐、交通攻略总让人头疼。DeepSeek 可以根据你的预算、兴趣和旅行时长，生成个性化的旅行计划，还能帮你避开体验不佳的景点，找到真正好吃的本地美食。让 DeepSeek 成为你的私人旅行策划师，玩得尽兴又省心！

3.6.1 行程规划：如何通过 DeepSeek 规划一次完美的旅行

随着互联网和技术的普及，旅行不再是仅凭个人经验或旅行社的建议来安排的事情。AI 已经成为规划旅行的得力助手，能够根据个人需求、预算、偏好和旅行时间为用户提供量身定制的行程安排。然而，如何通过 DeepSeek 精确地规划一场既省时又省力的旅行，并避免一些常见的旅行陷阱？这正是今天要探讨的主题。

▶ 编写提示词指令

旅行行程的规划涉及很多要素，如目的地选择、交通方式、住宿安排、景点推荐等。如果在提问时过于笼统，DeepSeek 就难以给出具体、有价值的建议。例如：

> ✘ 请帮我规划一个去日本旅行的旅行计划。

如果能够提供更详细的信息，如旅行的目的、预算、偏好的活动类型或特殊需求。例如：

> ✔ 我计划在 10 月去日本旅游，时间是 7 天，预算为每人 5000 元。我希望可以参观东京和京都的文化景点，体验当地的美食，并且希望避免人流过多的旅游热点。请帮我制定一个详细的行程安排。

提供了具体的旅行目标（文化景点、当地美食）、预算限制、时间长度和特殊需求（避免人多的地方）之后，DeepSeek 就可以更精确地为用户制定合适的旅行方案。

DeepSeek 深度思考

好，用户的需求很明确。他希望在 10 月去日本，时间为 7 天，预算为 5000 元，并且偏好文化景点和当地美食，同时希望避开人流密集的地方。首先，我要考虑的是用户的旅行偏好：东京和京都作为文化中心的城市，文化景点会是重点。例如，东京的浅草寺、明治神宫，以及京都的金阁寺、清水寺等，都是值得推荐的。至于美食，东京的寿司、拉面及京都的抹茶、怀石料理都应该纳入行程。

接下来,预算是一个重要因素。5000元是一个相对中等的预算,因此我需要合理安排住宿和交通费用,尽量避免选择过于奢华的酒店,建议选择性价比高的住宿。为了避免游客过多的地方,我可以推荐一些相对冷门但有文化底蕴的景点,如东京的神乐坂、京都的哲学之道。

最后,7天的行程时间虽然充裕,但也要合理安排节奏,避免每天都过于紧凑,建议有适当的休息时间和自由活动空间,让旅行更加轻松。

DeepSeek 回答

行程安排:东京与京都文化之旅

第一天:抵达东京

上午:抵达东京,安排从机场到酒店的接驳车或地铁。根据预算,建议选择中档酒店,靠近市中心,便于日后的出行。

下午:前往浅草寺,体验日本传统文化。接着,走访雷门附近的小吃街,品尝东京的街头美食,如天妇罗和章鱼烧。

晚上:在浅草附近的餐馆享受一顿地道的日本晚餐,推荐寿司或刺身。

第二天:东京文化探索

上午:参观明治神宫,这是东京最大的神社之一,感受日本传统宗教文化。

下午:访问东京塔,欣赏城市的美丽景观。之后,前往神乐坂,这里是一个相对安静的街区,充满了日本的古老风情和现代气息。

晚上:前往涩谷,享受夜生活并品尝当地的拉面。

第三天:东京自由活动

全天:建议在东京的各大购物区游玩,可以去原宿、表参道、秋叶原等地进行购物,或是参观一些当地的小型博物馆。下午可以随意安排,体验当地的茶道文化。

第四天:前往京都

上午:乘坐新干线从东京前往京都,途中享受车内的美丽风景。

下午:到达京都后,先安顿好酒店,然后参观金阁寺,这座寺庙的美丽景色是京都的象征之一。

晚上:在京都市区附近享受传统的怀石料理。

第五天:京都文化之旅

上午:参观清水寺,它是京都最具代表性的景点之一。沿途漫步在清水坂街道,可以体验到浓厚的日本古代氛围。

下午:参观哲学之道,这条小径穿过许多历史遗址和美丽的自然景观,是一个安静的漫步地。

晚上:品尝京都著名的抹茶甜点。

第六天:京都自由活动

全天:可以参观其他的文化景点如银阁寺、岚山竹林等。午餐时间推荐在传统的茶馆内品尝抹茶、和果子。

第七天：返回东京
上午：从京都乘坐新干线返回东京，准备返程。
下午：根据返程时间，可以在东京市区做最后的购物或是参观未曾到过的景点。
晚上：乘坐航班返回。

▶ **案例回放复盘**

在进行旅行行程规划时，精确的问题能够帮助 DeepSeek 提供符合需求的答案。提供旅行目的地、时间、预算、偏好的活动类型、特定需求（如避免人流密集的地方）等详细信息，是获得高质量旅行规划的关键。通过提问，用户可以使 DeepSeek 理解他们的独特需求，从而制订个性化的旅行计划。行程规划的提问技巧总结见表 3.16。

表 3.16　行程规划的提问技巧总结

技　　巧	具　体　方　法
提供详细背景信息	包括旅行时间、预算、目的地、偏好的活动类型等，帮助 DeepSeek 理解需求
确定明确的旅行目标	明确说明希望参观的景点类别（如文化景点）、避开人流密集区域等
分阶段规划行程	将旅行分成每天的具体安排，确保行程合理且不紧凑
确保预算可控	在提问时指定预算限制，确保 DeepSeek 根据预算安排合理的住宿和交通
关注独特体验	提问时强调对独特旅行体验（如当地美食、文化活动等）的需求

3.6.2　美食之旅：如何用 DeepSeek 找到真正值得一试的餐厅

扫一扫，看视频

当你踏上一个陌生的城市或国家，最让人期待的事情之一就是尝试当地的美食。然而，如何避免踩雷，找到真正值得一试的餐厅，成了很多人面临的挑战。毕竟，餐厅的评分和评论可能并不总能反映餐厅的实际情况，而每个人的口味也有所不同。那么，如何通过更聪明的方式找到值得一试的餐厅，确保你的美食之旅不留下遗憾呢？在这方面，DeepSeek 能够提供极大的帮助。利用智能推荐系统和大数据分析，DeepSeek 不仅可以根据用户的偏好推荐餐厅，还能通过更精准的筛选，帮助你避开那些差评连连或口味不符合预期的餐厅。因此，通过利用 DeepSeek 的优势，可以更高效地规划美食之旅，最大限度地减少踩雷的可能性。

▶ **编写提示词指令**

对于美食，大家的喜好都不尽相同。在向 DeepSeek 提问时就不能过于简单。

例如：

> ✘ 能推荐一些好吃的餐厅吗？

简单的提问缺乏具体信息，DeepSeek 无法从众多餐厅中筛选出符合用户需求的推荐，可能导致用户不满意。更具体的提问会帮助 DeepSeek 根据你的需求提供量身定制的建议。例如：

> ✔ 能推荐一些罗马的正宗意大利餐厅吗？菜品包括传统的意大利面和比萨，餐厅评分高，预算在 30～50 美元？

这个提问明确了需求：餐厅类型（正宗意大利餐厅）、菜品风格（传统意大利面和比萨）、评分要求（评价高）、预算范围（30～50 美元），这些信息能够帮助 DeepSeek 为你推荐更符合预期的餐厅。

DeepSeek 深度思考

首先，我需要从用户的需求出发，理解他们具体想要的餐厅类型、口味偏好、预算限制和餐厅氛围。例如，用户提到想要尝试意大利餐，那我就会在意大利餐厅中筛选出那些评价高、菜品正宗且符合预算的餐厅。如果用户对某些不满意的餐厅类型（如快餐、连锁餐厅等）表示排斥，我也会避免推荐这类餐厅。

其次，我还要利用用户评价数据和餐厅的评分来过滤掉那些负面评价较多的餐厅。大数据分析可以帮助我找到一些被忽视但非常好吃的小店，尤其是那些常规推荐系统可能忽略的地方。这些餐厅可能没有那么多的曝光率，但却因其正宗的口味和独特的餐饮体验而受到当地人的喜爱。

最后，我要根据餐厅的评价、菜品特色、口味符合度及地理位置等多方面因素进行综合分析，给出最适合用户口味的餐厅推荐。

DeepSeek 回答

美食之旅推荐：

城市：罗马

1. Trattoria Monti
- 菜品特色：提供正宗的意大利家庭风味菜肴，特色菜有新鲜的意大利面和自制的比萨。
- 氛围：典雅传统，充满意大利家庭气息，适合那些想体验意大利当地传统美食的食客。
- 预算：人均消费大约 $40，性价比高。
- 位置：位于罗马市中心，靠近博尔盖塞公园。

2. Roscioli
- 菜品特色：经典的意大利餐点，特色菜肴包括传统的 carbonara（卡博那拉）和手工比萨。
- 氛围：热闹且充满地道的意大利餐饮文化，给人一种亲切的家庭聚会感。

- 预算：中高档，主菜价格大约 $45。
- 位置：位于罗马的历史中心，步行即可到达著名景点。

3. Pizzarium Bonci
- 菜品特色：被誉为"罗马最好吃的比萨"，这里的比萨以其创意口味和新鲜的配料闻名。
- 氛围：更倾向于轻松的街头风格，非常适合快速就餐，但口味一流。
- 预算：价格较为平价，比萨为 $12～$18，适合预算有限的食客。
- 位置：靠近梵蒂冈博物馆，适合顺道游玩后就餐。

4. Il Pagliaccio
- 菜品特色：米其林星级餐厅，提供现代创意意大利菜，菜肴精致且创新。
- 氛围：高端、典雅，适合特殊的场合用餐。
- 预算：高端，价格为 $100～$150 一人，适合预算充足的食客。
- 位置：罗马市区内，离西班牙广场不远。

5. La Pergola
- 菜品特色：米其林三星餐厅，提供精致的意大利美食，主打创意菜肴和现代风格的料理。
- 氛围：高雅、豪华，带有浓厚的欧洲宫廷风格，适合豪华晚餐。
- 预算：超高端，主菜人均消费在 $150 以上。
- 位置：罗马豪华酒店内，拥有迷人的城市全景。

▶ 案例回放复盘

要有效避免踩雷并找到真正值得一试的餐厅，用户需要在提问时提供尽可能详细的信息，如餐厅类型、菜品风格、预算及餐厅氛围等。这将有助于 DeepSeek 精准推荐符合需求的餐厅，从而最大限度地提升美食之旅的体验。利用 DeepSeek 进行美食探店的提问技巧总结见表 3.17。

表 3.17 利用 DeepSeek 进行美食探店的提问技巧总结

技　巧	具　体　方　法
明确餐厅类型	提问时明确自己想要的餐厅类型（如意大利餐、法式餐、街头美食、米其林餐厅等）
提供预算范围	提问时指定预算范围（如 $30～$50、$100 以内等），帮助 DeepSeek 过滤掉超出预算的餐厅
细化餐厅氛围要求	提问时明确餐厅的氛围要求（如温馨、传统、现代等），避免推荐不符合需求的餐厅
排除不想要的餐厅类型	如明确告诉 DeepSeek 排除某些类型的餐厅（如连锁餐厅、快餐店等），以帮助 DeepSeek 优化推荐

3.6.3　交通规划：如何高效制定旅行的交通路线

在跨城市或国际旅行时，交通规划是确保旅行顺利的重要环节。无论是选择最便捷的航班，还是在目的地选择合适的公共交通或租车服务，合理的交通规划能够节省大量时间和金钱，同时避免在途中遇到麻烦。面对各种选择和复杂的交通系统，如何有效规划旅行路线，以确保旅行的顺畅和高效，是每个旅行者都需要思考的问题。随着现代技术的发展，DeepSeek 和其他 AI 工具能够帮助我们在旅行中作出更加明智的交通选择。例如，通过 DeepSeek，可以获得航班信息、交通工具推荐和目的地的交通建议，甚至能够动态调整路线，避免高峰期、天气问题或其他不可控因素的影响。因此，如何通过精准提问获取最佳的交通规划方案，成了旅行者需要掌握的一项技能。

扫一扫，看视频

▶ **编写提示词指令**

许多初学者在使用 DeepSeek 进行旅行交通规划时，可能会提出简单的、模糊的问题。例如：

> ✘ 帮我规划一下从上海到巴黎的航班。

这种指令没有提供足够的细节，导致 DeepSeek 可能给出不完全匹配的答案。为了更好地利用 DeepSeek 帮助你规划旅行路线，应该提供更加详细的信息，明确出发时间、到达时间、预算、偏好的交通工具及是否有时间限制等。例如：

> ✔ 我计划从上海出发，8 月 10 日上午 10 点登机，目的地是巴黎。我希望选择最便捷且费用适中的航班，最好是直飞，如果没有直飞航班，请提供转机的选择，要求最短的转机等待时间，尽量避开长时间的中途停留。

这样，DeepSeek 就可以根据用户的具体需求（如出发时间、预算、是否愿意换乘等）提供精准的航班选择。

DeepSeek 深度思考

在这个案例中，我需要综合分析用户的旅行需求。首先，用户明确了出发地点和目的地——上海到巴黎；其次，用户指定了出发时间，并希望选择最便捷且费用适中的航班。由于用户希望选择直飞航班，这意味着他们对时间非常敏感，希望避免长时间的飞行或中途停留。因此，我必须根据航班的直飞与转机时间，以及航程长度来进行推荐。

除了航班，用户还可能有关于目的地的交通需求，如抵达巴黎后如何从机场到市中心。考虑到这些需求，可以推荐适合的交通方式，如是否要选择出租车、机场快线，或是否有便利的公共交通连接。还可以结合用户的预算、时间限制及其他旅行习惯，提供综合优化的路线方案。

> **DeepSeek 回答**
>
> **推荐路线 1：上海到巴黎直飞航班**
> **出发地点**：上海浦东国际机场
> **目的地**：巴黎戴高乐机场
> **出发时间**：8月10日，上午10点
> **航班选择**：
> 　航班：中国东方航空 MU569，上海至巴黎直飞航班。
> 　起飞时间：8月10日上午11:40（上海时间）。
> 　到达时间：8月10日下午6:00（巴黎时间，比上海晚6小时）。
> 　优点：直飞，避免转机，缩短了整体旅行时间，确保最便捷的通勤。
> 　票价：根据中国东方航空官网信息，票价约为人民币4500元。
>
> **推荐路线 2：上海到巴黎转机航班**
> **出发地点**：上海浦东国际机场
> **目的地**：巴黎戴高乐机场
> **出发时间**：8月10日，上午10点
> **航班选择**：中国东方航空 MU5701，上海至阿姆斯特丹转机，再由荷兰皇家航空 KL1234 飞往巴黎。
> 　起飞时间：8月10日上午10:00。
> 　中转信息：在阿姆斯特丹史基浦机场转机，转机时间约1小时30分钟。
> 　到达时间：8月10日下午8:15（巴黎时间，比上海晚6小时）。
> 　优点：转机时间较短，飞行舒适性较高，票价比直飞航班稍低。
> 　票价：根据 Skyscanner 信息，票价约为人民币3788元。
>
> **目的地交通推荐**
> **从巴黎机场到市中心**：
> 　机场快线：乘坐 RER B 线列车，约需30分钟即可到达巴黎市中心，票价约10欧元。
> 　出租车：车程大约40分钟，费用大约50欧元。

▶ 案例回放复盘

在进行旅行交通规划时，要通过详细且有针对性的提问，帮助 DeepSeek 为你提供精准的推荐。明确出发时间、到达时间、交通工具偏好、预算要求及是否有特殊需求（如避免转机、缩短旅行时间等），这些信息有助于 DeepSeek 根据你的需求提供更合适的方案。同时，也要注意给出动态调整的空间，尤其在面对复杂的航班选择和目的地交通时，灵活性是规划的关键。旅行交通规划的提问技巧总结见表3.18。

表 3.18　旅行交通规划的提问技巧总结

技　　巧	具 体 方 法
提供详细需求	明确出发时间、到达时间、预算、交通工具偏好等
比较选择	提出需求时，要求 DeepSeek 同时提供直飞与转机的选择
动态调整需求	请求 DeepSeek 考虑突发因素，如天气变化、航班延误等
提供目的地交通信息	明确询问抵达目的地后的交通方式，如公共交通、出租车等

3.7　情感与心理：减压与陪伴的暖心功能

现代生活节奏快，压力大，很多人时常感到焦虑、孤独，甚至不知道该如何与身边的人沟通情感。DeepSeek 不仅可以倾听你的烦恼，提供心理舒缓建议，还能帮你制定更健康的情绪管理策略。不管是修复关系、释放压力，还是寻找一丝温暖的陪伴，让 DeepSeek 成为你的智能情感支持者，帮助你调整心态，迎接更美好的每一天。

3.7.1　情绪疏导：如何通过 DeepSeek 获取有效的情绪管理建议

在现代快节奏的社会环境下，人们面临着各种压力，无论是工作上的挑战、人际关系的矛盾，还是生活中的突发事件，都可能影响情绪状态。如果不及时进行情绪疏导，这些负面情绪可能会累积，进而影响心理健康，甚至降低生活质量。然而，许多人在遇到情绪问题时，往往不知道该如何表达，也不确定如何寻找有效的帮助。而 AI 在这一领域的应用越来越广泛，它不仅能提供即时的心理支持，还可以根据用户的具体情况，提供个性化的情绪疏导方案，帮助用户更好地管理情绪、恢复心理平衡。那么，如何正确地向 DeepSeek 提出关于情绪疏导的问题，以确保 DeepSeek 能够提供有价值的建议呢？

➤ 编写提示词指令

许多人在寻求情绪帮助时，常常会给出含糊的请求。例如：

✘ 我很焦虑，该怎么办？

这个提问虽然表达了情绪状态，但焦虑的原因、持续时间及对日常生活的影响等并没有说明，DeepSeek 可能只能给出一些泛泛的安慰或一般性建议。因此，在提问时，应该尽可能地提供情绪问题的背景、触发因素、具体感受及期望获得的帮助方向，以便 DeepSeek 能够提供更具针对性的疏导方案。例如：

> ✔ 最近几天，我因为工作上的压力感到非常焦虑，总是担心自己做得不够好，甚至影响了睡眠。我希望能学会一些方法来缓解焦虑情绪，并改善我的睡眠质量，你可以给我一些建议吗？

这个提问清晰地描述了问题背景（工作压力）、影响（焦虑、睡眠受影响）及期望的帮助方向（缓解焦虑、改善睡眠）。DeepSeek 可以基于这个提问提供更加精准、符合需求的情绪管理策略，如呼吸练习、正念冥想、睡前放松技巧等。

DeepSeek 深度思考

当用户寻求情绪疏导时，我首先需要理解他们的核心困扰。这包括：

（1）情绪类型：是焦虑、愤怒、悲伤、沮丧，还是其他情绪？
（2）触发因素：这种情绪是由什么事件或长期压力引发的？
（3）影响范围：它是否已经影响到了用户的生活、工作、健康或人际关系？
（4）用户的期望：他们希望获得的是短期缓解方法，还是长期的情绪管理技巧？

在处理用户的情绪问题时，我不仅要提供安慰，还需要给出具体可执行的行动方案。例如：

- 如果用户因焦虑而影响睡眠，我可以推荐正念冥想、呼吸放松法、睡眠环境优化等策略。
- 如果用户因工作压力感到崩溃，我可以提供时间管理技巧、情绪调节练习，甚至建议他们如何与上司或同事进行有效沟通。
- 如果用户因人际关系问题感到愤怒或委屈，我可以推荐共情沟通技巧、如何表达感受的方法，或者心理学上的认知调整方法。

情绪疏导不仅仅是提供安慰，更重要的是帮助用户建立一套有效的情绪管理机制，使他们能够更好地面对未来的挑战。

DeepSeek 回答

1. 短期缓解方法（立即见效）

- 呼吸调节：尝试 4-7-8 呼吸法（吸气 4 秒，屏气 7 秒，呼气 8 秒），帮助降低心率，缓解焦虑情绪。
- 放松训练：临睡前做渐进式肌肉放松（PMR），有助于缓解焦虑带来的肌肉紧张。
- 信息隔离：睡前 1 小时减少电子屏幕使用，避免过度关注工作相关信息，给大脑缓冲时间。

2. 中期调整策略（持续 1~2 周）

- 写下焦虑源：每天花 10 分钟写下导致焦虑的事情，并尝试将其分类（可控与不可控）。对于不可控因素，训练自己接受它；对于可控因素，制订具体行动计划。
- 时间管理：使用番茄工作法（25 分钟专注 +5 分钟休息），提高工作效率，减少因拖延产生的焦虑感。

3. 长期情绪调节（长期实施）
- 培养正念习惯：每天进行 5～10 分钟的正念冥想，增强自我觉察，减少焦虑对生活的影响。
- 建立积极认知框架：使用"认知重构"技巧，把"我做得不够好"替换为"我已经尽力，我在不断进步"。
- 寻求社交支持：如果焦虑持续，考虑向朋友、家人或心理咨询师倾诉，获得外部支持。

▶ **案例回放复盘**

在情绪疏导中，明确情绪类型、触发因素和影响范围，是获得精准建议的关键。优化提问可以帮助 DeepSeek 生成更符合需求的情绪管理方案，而 DeepSeek 也可以通过多层次的建议，帮助用户更好地应对情绪问题。情绪疏导的提问技巧总结见表 3.19。

表 3.19 情绪疏导的提问技巧总结

技 巧	具 体 方 法
说明情绪问题	清楚描述当前的情绪状态，如焦虑、愤怒、低落、压力大等
提供背景信息	说明引发情绪的原因，如工作压力、人际关系问题、生活中的困难等
说明情绪影响	解释情绪对生活的具体影响，如影响睡眠、降低工作效率、影响社交关系等
提出期望目标	明确希望获得的帮助，如短期缓解方法、长期调整策略、或具体的应对技巧等

3.7.2 修复人际关系：如何通过 DeepSeek 获取修复关系的具体建议

在人际关系中，冲突不可避免，尤其是当情绪激动、彼此误解加深时，吵架可能会导致关系紧张。无论是亲密关系、朋友之间，还是职场同事，如何在冲突后有效修复关系，决定了这段关系能否继续健康发展。很多人在吵架后不知道该如何缓解局面，有的人会选择冷处理，但可能导致关系越来越冷淡；有的人则想立刻道歉，但可能方式不当，反而让对方更不满。因此，如何分析矛盾点，选择合适的沟通方式，找到有效的道歉策略，成为修复关系的关键。DeepSeek 在这个过程中可以提供帮助，通过分析矛盾的核心问题、双方的情绪状态，以及有效的沟通和道歉技巧，帮助人们更好地修复关系，避免矛盾升级或冷战。

▶ **编写提示词指令**

在使用 DeepSeek 寻求修复关系的建议时，提问的质量直接影响 DeepSeek 生成的答案。例如：

> ✘ 我和男朋友吵架了，该怎么办？

这样提问无法让 DeepSeek 理解冲突的具体情况，从而提供精准的建议。优化提问，加入更具体的细节能帮助 DeepSeek 根据你的需求提供更详细的建议。例如：

> ✔ 男朋友因为最近太忙没时间陪我，我埋怨了他，他觉得我不理解他，所以我们爆发了争吵。我该如何有效地修复关系，让他感受到我的关心，而不是压力？

这个提问清晰地描述了矛盾点（对方太忙与期待陪伴）、当前的情绪状态（他冷漠，不愿沟通）、关系性质（情侣）及期望的目标（修复关系，表达关心）。这样 DeepSeek 可以提供更有针对性的沟通技巧和道歉策略。

DeepSeek 深度思考

当用户提出修复关系的请求时，我需要从以下几个角度进行分析。

1. 冲突的本质是什么？
- 是价值观不同（如金钱观、生活方式）、沟通方式不当（如表达不清、情绪激动），还是误解（如以为对方不在乎自己）？
- 了解矛盾的根源有助于找到合适的沟通方式。

2. 对方的情绪状态如何？
- 是愤怒（需要冷静后沟通）、失望（需要弥补）、冷漠（可能已经放弃沟通）？不同情绪状态对应不同的修复方法。

3. 最佳沟通时机是什么？
- 有时候，冲突刚发生时立刻沟通可能适得其反，等待情绪冷静后再谈可能更有效。

4. 如何让道歉更有诚意？
- 有些道歉方式可能让人觉得敷衍（如"对不起，你生气了"），而有些道歉方式更能表达理解和责任感（如"我意识到我的言辞让你感到难过，我想和你一起找到更好的相处方式"）。

基于这些分析，我可以提供具体的沟通技巧和道歉建议，帮助用户更好地修复关系。

DeepSeek 回答

步骤 1：先分析矛盾点，避免无效沟通

你可以先问自己几个问题，帮助理清思路：
- 这次争吵是因为实际问题（如做事方式不同）还是情绪问题（如缺乏陪伴、感到被忽视）？
- 你希望对方理解你的感受，还是希望对方改变行为？

例如，你和男朋友因为他太忙而争吵，本质上可能不是因为他真的忽略了你，而是你希望感受到他的关心。如果只是一味地指责对方"你都不陪我"，对方可能会产生防御心理，而如果你换一种表达方式，如"我最近有点孤单，想多和你在一起"，可能会更容易引起共鸣。

步骤2：选择合适的沟通方式

当对方还在气头上时，直接道歉可能不会有效。这时，你可以：

- 先给对方一些冷静的空间：如果对方表现出冷漠或愤怒，不要逼迫他立刻回应，等情绪缓和后再沟通。
- 避免争论谁对谁错：沟通时，关注如何让关系变好，而不是谁该负责。
- 用"我"表达法，而不是"你"指责法："我最近有点孤单，想和你多待在一起。"而不是"你从来不陪我，你根本不在乎我。"

步骤3：有效道歉，让对方愿意重新沟通

避免无效道歉：

- "对不起，你生气了。"（没有承认自己的问题，显得敷衍。）
- "对不起，但是……"（后面如果加解释，容易让人觉得是在找借口。）

有效的道歉方式：

- "我当时情绪有点激动，没有好好表达我的想法。"（承认自己在沟通中的不足。）
- 表达对对方感受的理解（"我知道你最近工作很忙，可能觉得很累。"）
- 提出积极改变的方式（"以后如果我感到不开心，我会先和你沟通，而不是直接埋怨。"）

示例道歉："我意识到昨天我有点情绪化了，我没有考虑到你最近工作压力大。我不想让我们的沟通变成争吵，想和你一起找到更好的相处方式。"

步骤4：建立更健康的沟通习惯，防止冲突再次发生

- 提前沟通需求：如果你需要对方更多陪伴，可以提前表达，而不是等到情绪爆发时才说。
- 定期复盘关系：情侣、朋友或同事之间可以定期聊聊最近的相处感受，避免小矛盾积累成大问题。
- 情绪管理：吵架往往是因为情绪失控，学会用冷静的方式表达不满，可以减少冲突。

▶ 案例回放复盘

在修复人际关系时，一个好的提问方式可以帮助 DeepSeek 更精准地提供修复方案。明确矛盾点、对方的情绪状态及你的期望结果，将使 DeepSeek 能够更有效地帮助你找到合适的解决方案。修复人际关系的提问技巧总结见表 3.20。

表 3.20 修复人际关系的提问技巧总结

技　　巧	具　体　方　法
说明冲突原因	描述争吵的具体内容，而不是简单地说"我们吵架了"
提供对方情绪信息	说明对方目前是愤怒、冷漠还是失望，方便 DeepSeek 提供匹配策略
设定沟通目标	说明希望修复关系，还是仅希望减少冷战
询问道歉方式	询问"如何让对方更容易接受我的道歉？"

3.7.3 应对孤独：如何向 DeepSeek 提出更有效的问题来缓解孤独感

孤独感是一种普遍存在的心理体验，无论是单身人士、职场新人、还是远离家乡的求学者，都会在某些时候感受到孤独。有些人感到孤独是因为缺少社交活动，有些人是因为缺乏深入的情感连接，而有些人则是因为长期的独处导致心理上的孤立。孤独并不可怕，关键是如何应对和调整。DeepSeek 可以帮助用户分析孤独的原因，并提供一系列科学且可行的调节方法，如培养兴趣爱好、规划社交活动，甚至进行陪聊安慰，让用户在心理上获得更多支持。

➡ 编写提示词指令

在情绪低落时，用户可能会向 DeepSeek 发出简短的提问。例如：

> ✘ 我觉得很孤独，该怎么办？

但是 DeepSeek 无法根据这个提问判断孤独的具体来源，也难以提供个性化的建议。更好的提问方式应该包括当前的社交状态，希望获得的帮助等。例如：

> ✔ 我最近因为换了城市生活，朋友都不在身边，每天下班回家后都感到很孤独，甚至不想做任何事情。我该如何改善自己的状态，让自己重新感到充实和快乐？

这个问题清晰地描述了孤独的原因（换城市，朋友不在身边）、影响（下班后不想做事），以及希望的改变（感到充实和快乐），这样 DeepSeek 能够提供更具体的建议。

DeepSeek 深度思考

孤独的原因和影响因人而异，因此在提供建议前，我需要先分析用户的情况。

1. 孤独的来源
- 是环境变化导致的（如搬家、换工作、朋友变少）？
- 是社交能力问题（如不擅长主动交友、害怕社交）？
- 是内心情绪问题（如即使有朋友仍感到孤独，缺乏情感连接）？

2. 孤独对用户的影响
- 是否已经影响到了情绪，如焦虑、抑郁、失去动力？
- 还是仅仅希望在独处时找到更多乐趣？

3. 用户希望的调整方式
- 是否想增加社交活动？
- 还是想培养一个能自己独处时感到快乐的兴趣？
- 是否仅仅想找人聊天，得到一些心理安慰？

通过这些分析，我可以提供针对性的心理调节方案，而不是"多社交"或"找点事做"这种敷衍的建议。

DeepSeek 回答

方法 1：培养兴趣爱好，让独处变得有趣

如果孤独的主要原因是缺乏充实感，可以通过培养兴趣爱好来增加自我满足感，让独处变得更愉快。

- 创意类活动（写作、绘画、音乐）：表达内心情绪，找到自我存在感。
- 动手类兴趣（烹饪、手工、园艺）：增强成就感，转移注意力。
- 户外活动（徒步、骑行、摄影）：让自己与外界连接，减少孤立感。
- 学习新技能（编程、外语、乐器）：让自己有目标，减少空虚感。

行动建议：
选择一个感兴趣但未尝试过的活动，每周至少安排 2～3 次，避免把所有时间都浪费在刷手机或无意义的事情上。

方法 2：改善社交，增加人与人的连接

如果孤独的主要原因是社交缺乏，可以通过主动创造社交机会来改善。

- 参加线下活动（兴趣小组、瑜伽班、读书会）：找到志同道合的人。
- 利用社交软件：结识新朋友。
- 增强与老朋友的联系（定期发信息、约见面）：维系已有的关系，避免关系疏远。

行动建议：
设定一个简单的目标，如"每周主动联系一个朋友"或"每月尝试一个新的社交活动"。

方法 3：寻找心理支持，减少情绪上的孤独

有些人即使身边有朋友，仍然感到孤独，这可能是因为他们缺乏真正的情感连接。在这种情况下，可以通过心理支持来缓解情绪。

- 找一个倾诉对象（亲密朋友、心理咨询师）：把内心的孤独感表达出来。
- 写情绪日记（记录每天的感受）：让自己意识到孤独的真正来源，并找到改善的方法。
- 寻求 AI 陪聊（如 AI 聊天助手）：当实在无人倾诉时，可以通过 AI 进行情感交流。

行动建议：
试着每天写下三件让自己感到快乐的小事，训练大脑去关注积极的事物。

方法 4：调整心态，学会享受独处

有时候，我们对孤独的看法决定了它的影响。如果能学会欣赏独处，它可能不会再是一种痛苦，而是一种享受。

- 练习正念冥想（让自己专注于当下，减少对孤独的负面解读）。
- 尝试独自旅行（挑战自己，发现独处的乐趣）。
- 培养与自己对话的能力（通过写作、冥想、深度思考来认识自己）。

行动建议：
每天留 10 分钟练习冥想或写作，学会与自己对话，而不是害怕孤独。

▶ 案例回放复盘

在向 DeepSeek 寻求孤独调节建议时，提问方式决定了 DeepSeek 的回答质量。通过更精准的提问，可以获得更符合自身需求的心理调节建议，让孤独不再是一种负担，而是一种成长的机会。缓解孤独的提问技巧总结见表 3.21。

表 3.21　缓解孤独的提问技巧总结

技　　巧	具　体　方　法
说明孤独的来源	解释是什么让自己感到孤独，如环境变化、社交减少等
描述当前状态	说明自己是完全缺乏社交，还是只是情绪上的孤独
设定期望目标	说明自己希望通过调整获得什么，如增加社交、培养兴趣等
询问具体方法	询问"如何培养独处时的乐趣？"或"如何减少焦虑？"

3.8　章节回顾

本章展示了 DeepSeek 在家庭生活中的多样化应用，涵盖了从健康管理到家务安排，从亲子教育到个人健身等多个方面，体现了 DeepSeek 如何通过智能化的方式，改善家庭成员的生活质量和效率。通过智能化助手的辅助，用户能够在日常生活中获得更便捷、更科学和更高效的帮助。

例如，在健康管理方面，DeepSeek 的关注点聚焦于个体的健康状态与预防。家庭医生 Lite 不是提供常规的健康建议，而是根据用户的健康数据、症状分析等给出个性化的就医建议，这种侧重于数据的精准理解与个性化推荐，远超传统健康助手的泛化功能。而在私人健身教练的场景中，DeepSeek 的关注点转向了用户的健身目标与生活方式，它不仅提供运动计划，还能根据用户的饮食习惯和体型目标，生成特定的餐单和饮食建议，深度契合个体需求。

再例如，理财功能虽然与其他场景有所不同，但它的关注点是"家庭财务健康"，DeepSeek 根据用户的支出习惯和预算情况，提供合理的理财建议和安全保障，解决了个人财务管理中的"支出过高"或"财务不透明"的问题。而在旅行规划中，DeepSeek 将焦点放在了"旅行体验优化"上，它根据实时信息调整行程规划，最大化减少旅行中的不确定性和不便，帮助用户提升整体旅行质量。

通过这些场景的对比可以看到，尽管每个功能所涉及的事务看似日常琐事，但 DeepSeek 在每个领域的聚焦点和应对方式却各不相同，从健康、健身到家庭管理、财务和旅行规划，每个细节的处理都体现了深度的个性化和智能化。这种差异化的关注点，使得 DeepSeek 不仅仅是一个简单的助手，而是一个多维度的生活伴侣，能够真正帮助用户提升生活质量。

➡ 读书笔记

第 4 章　让创作更有趣：你的 AI 文字"外挂"

> 想写一篇吸引人的文章吗？想快速总结一篇冗长的文档吗？DeepSeek 不仅能提炼要点，还能润色语言，甚至调整文字风格，让你的创作更加生动有趣。本章将带你体验如何用 DeepSeek 辅助写作，从构思到成稿，一步到位。无论是论文、广告文案、故事创作，还是随手写一条朋友圈，它都能提供高效支持。更有趣的是，你可以让 DeepSeek 变换文字风格，把一本正经的文章改成幽默风，或者让吐槽文变得文艺范十足。想体验创作的无限可能吗？DeepSeek 已经准备好和你一起脑洞大开！

4.1　阅读秒杀：文章要点轻松提炼

在信息量极大的时代，人们常常需要在短时间内提炼出文章、报告或资料的精髓。DeepSeek 能够帮助你在几分钟内把冗长的内容浓缩成简明扼要的要点，节省大量时间。无论是职场报告、网课笔记还是法律文件，DeepSeek 都能帮助你迅速抓住核心内容并精准表达。熟练运用 DeepSeek，可以大幅提升工作和学习效率。

4.1.1　职场报告提炼：如何精准地让 DeepSeek 帮助提炼职场报告

扫一扫，看视频

在职场中，撰写报告是常见的工作任务，然而，如何从冗长的数据和分析中提炼出核心信息，使其简洁、精准地传达给领导或团队，是一项关键能力。许多职场人士在撰写报告时，往往容易陷入信息过载的困境，导致报告过长、逻辑不清，或者缺乏关键要点，影响决策效率。幸运的是，DeepSeek 可以帮助我们优化这一过程，使报告提炼更加高效、精准，并符合职场的表达要求。

▶ 编写提示词指令

如果不说明受众和需要提炼的内容，直接向 DeepSeek 提出请求。例如：

> ✘ 帮我总结这份报告。

可能会导致语气和表达方式不符合实际需求，也可能导致总结过于简单或缺乏重点。如果明确地告诉 DeepSeek 我们的目标受众、需要突出的关键信息及报告的用途，那么 DeepSeek 的输出会更加符合实际需求。例如：

> ✓ 请帮我提炼这份年度市场分析报告的核心内容，目标是向公司高层汇报。需要包括以下内容：①市场趋势；②主要竞争对手的表现；③我们产品的优势和挑战；④未来增长策略。请用简洁的商业语言表达。

DeepSeek 会根据指令提取关键信息，并将复杂的数据转换为清晰、简明的报告要点，确保管理层可以快速理解核心内容，同时保留必要的洞察和建议。

DeepSeek 深度思考

在面对一份职场报告时，我会从信息筛选、逻辑梳理和语言优化三个方面进行思考，以确保总结内容既精准又具备可读性。

1. 信息筛选：找出关键数据和核心结论

职场报告往往包含大量的背景信息、数据分析和辅助性讨论。在提炼时，我会首先筛选出最具价值的信息。例如：

- 关键数据（如销售额增长率、市场份额变化等）。
- 主要趋势（行业增长、客户需求变化）。
- 重要挑战（竞争压力、政策变化等）。
- 未来行动计划（优化策略、投资方向）。

2. 逻辑梳理：确保总结内容层次清晰

领导和管理层希望迅速理解报告的核心内容，因此信息需要按照清晰的逻辑排列。例如：

- 先讲"现状"，再分析"问题"，然后提出"改进方案"。
- 重点信息优先，避免冗余细节。
- 采用简洁的商业语言，避免复杂的技术术语（除非针对专业团队）。

3. 语言优化：精炼表达，增强可读性

在职场报告中，语言需要正式、清晰、直接。因此，我会：

- 避免使用模糊表达，如"可能""大约""一些"。
- 使用数据支撑观点，如"销售额同比增长 15%"而不是"销售增长不错"。
- 采用条理清晰的句式。例如：
  ▶ 不推荐："本季度，我们的市场表现较好，在多个领域都取得了一定的增长。"
  ▶ 推荐："本季度，我们的市场份额增长 5%，在科技行业排名上升至第二。"

DeepSeek 回答

原报告片段（示例）：

"本季度，我们的销售额同比增长 12%，主要得益于北美市场的强劲需求。然而，欧洲市场表现疲软，销售额下降 5%。竞争对手 ×× 公司推出了新产品，对我们的市场份额造成了一定影响。客户反馈表明，产品价格仍然是主要障碍之一。为了优化市场策略，我们计划在下个季度推出更具价格竞争力的产品，并加强在线销售渠道。"

优化后的职场报告提炼：
销售业绩报告 – 关键要点
1. 市场趋势
本季度销售额同比增长12%，主要受北美市场需求增长推动。
欧洲市场表现疲软，销售额下降5%，需要重点关注改进策略。
2. 主要竞争对手表现
竞争对手××公司推出新产品，导致部分市场份额受到冲击。
需要密切关注竞争动态，并调整市场应对策略。
3. 我们产品的优势和挑战
优势：北美市场需求强劲，产品认可度较高。
挑战：客户反馈表明，产品价格仍是主要购买障碍，影响部分市场份额增长。
4. 未来增长策略
价格优化：下个季度推出更具竞争力的产品定价策略，提高市场吸引力。
渠道拓展：加强在线销售渠道，扩大市场覆盖，提高用户触达率。
通过以上策略，我们旨在强化市场竞争力，推动持续增长，并为公司未来发展奠定坚实基础。

▶ 案例回放复盘

在职场中，高层管理者需要快速获取关键信息，因此报告必须精准、简洁、条理清晰。精准的提问能够帮助DeepSeek提供高质量的总结。通过这些技巧，可以大幅提升职场报告的表达质量，使其更加符合管理层的需求，提高沟通效率和决策速度。职场报告提炼的提问技巧总结见表4.1。

表4.1 职场报告提炼的提问技巧总结

技　巧	具　体　方　法
明确报告类型	指定报告的主题，如"季度销售报告""市场分析报告"
明确受众	说明报告的目标读者，如"高层管理者""团队成员"
列出关键内容	具体说明需要提炼的内容，如"市场趋势、挑战、策略"
设定语言风格	说明语言要求，如"简洁专业""数据驱动"

4.1.2 网课笔记整理：如何精准地让DeepSeek帮助整理网课笔记

随着在线教育的普及，越来越多的人选择通过网课学习新知识。然而，面对大量的课程内容，如何高效整理笔记、提炼核心信息，并将零散的知识系统化，成为学习者普遍面临的问题。使用DeepSeek辅助整理网课笔记，可以帮助学习者去除冗余信息、提炼重点，形成逻辑清晰、条理分明的学习笔记，使复习更加高效。

▶ 编写提示词指令

许多人在提出指令时没有指定需要提炼的重点。例如：

> ✗ 帮我整理这份网课笔记。

DeepSeek 可能无法理解需要提炼哪些内容，导致整理出的笔记缺乏重点，或者信息过于冗长。为了让 DeepSeek 更有效地帮助整理笔记，提问时可以明确目标。例如：

> ✓ 我在学习"产品管理"的网课，下面是我的课堂笔记。请帮我整理为清晰的学习总结，包含：①课程核心概念；②关键理论；③实用方法论；④重要案例分析。确保语言简洁易懂，便于复习。

这样的提问方式能够明确课程主题、指定整理逻辑、设定语言要求。DeepSeek 会根据课程的主要内容，筛选出关键信息，调整结构，使其更符合逻辑。同时，DeepSeek 可以根据要求确保语言简洁，避免冗长和重复，使笔记更适合复习和实践应用。

DeepSeek 深度思考

面对网课笔记整理，我会从以下几个关键点进行优化，确保学习者能够在最短时间内掌握课程的核心知识。

1. 结构化整理：建立清晰的知识框架

网课内容通常包含大量的信息，如果直接记下所有内容，容易显得杂乱无章。因此，我会按照"概念→方法→案例→实践"这样的逻辑，将笔记重组，使其更易理解和记忆。

2. 筛选核心信息，避免信息冗余

课程内容可能包含大量的背景信息、解释性叙述，而笔记的重点应当是核心概念和关键知识点。我会提炼出最重要的部分，如定义、原理、应用方法，并删除重复或次要内容，使笔记更简洁。

3. 提升可读性，确保表达简洁明了

在优化笔记时，语言应尽量使用简洁的表达，避免长句和复杂结构。同时，可以通过使用要点列表、关键词总结和表格来提高可读性，使内容一目了然。

4. 增强实际应用场景，提升复习效率

仅仅记录概念是不够的，我会确保笔记中包含实际案例或应用场景，使学习者能够更快将理论知识转化为实践能力。例如，在学习"数据分析"时，我会加入"如何使用 Excel 或 Python 进行数据分析"的实操部分，使知识更具应用价值。

DeepSeek 回答

原始课堂笔记示例

"产品管理的核心在于市场分析、需求定义和产品开发。一个优秀的产品经理需要具备数据分析能力、用户研究能力和跨部门沟通能力。在市场分析阶段，需要识别目标用户，并进行竞品分析；在需求定义阶段，需要使用MVP（最小可行产品）方法来测试市场反馈。此外，产品开发过程需要敏捷迭代，确保快速响应市场变化。"

> **整理后的网课笔记**
>
> **1. 核心概念**
>
> 产品管理：从市场分析到产品开发的全过程，目标是打造符合用户需求的产品。
>
> 产品经理关键能力：
>
> - 数据分析：基于数据制定产品策略。
> - 用户研究：理解目标用户需求，优化产品体验。
> - 跨部门沟通：协调技术、市场、销售等多个团队。
>
> **2. 关键方法**
>
> 市场分析：
>
> - 识别目标用户，研究市场需求。
> - 进行竞品分析，评估市场竞争态势。
>
> 需求定义：
>
> - 采用MVP（最小可行产品）方法，测试市场反馈，减少开发风险。
>
> 产品开发：
>
> - 采用敏捷开发（Agile），快速迭代，确保产品适应市场变化。
>
> **3. 案例分析**
>
> 案例：某SaaS公司如何优化产品需求。
>
> - 该公司在市场分析阶段，通过用户调研发现核心客户需求，并采用MVP测试功能，最终实现产品增长30%。

▶ 案例回放复盘

整理网课笔记不仅仅是摘录课程内容，更重要的是提炼关键知识点，使学习笔记更易读、更具逻辑性，并有助于长期记忆。DeepSeek的优势在于能够快速筛选冗余信息，构建清晰的知识框架，提高学习效率。网课笔记整理的提问技巧见表4.2。

表4.2　网课笔记整理的提问技巧总结

技　　巧	具　体　方　法
明确课程主题	说明网课的具体内容，如"产品管理""数据分析"等，以优化语言风格
设定整理逻辑	指定整理的结构，如"核心概念+方法+案例"，让笔记更加系统化
优化语言要求	说明需要"简洁易懂，便于复习"，确保DeepSeek调整语言风格
强调应用场景	要求DeepSeek提供案例或应用场景，增强笔记的实践价值

4.1.3　法律/合同解读：如何用 DeepSeek 高效理解法律/合同条款

在法律和商业环境中，合同和法律文件往往措辞复杂、条款繁多，普通人阅读时容易感到困惑，不知道重点在哪里，甚至可能因理解偏差而导致法律风险。无论是个人合同（如租赁协议、劳动合同）还是企业合同（如合作协议、商业合同），准确理解其中的关键条款和法律责任至关重要。然而，法律术语的专业性较高，人工阅读和理解可能需要大量时间和法律背景知识。幸运的是，DeepSeek 可以帮助快速解读法律文件，提取关键信息，并用通俗易懂的语言呈现，使法律条款变得更加清晰易懂。

➡ 编写提示词指令

许多用户可能会给出一个简单的指令。例如：

> ✘ 帮我解读这份合同。

但是 DeepSeek 可能无法确定用户最关心的条款，也无法针对具体需求进行优化。因此，更精准的提问方式应该包括合同类型、解读重点、语言风格等。例如：

> ✔ 我正在签订一份商业合作协议，以下是合同文本。请帮我提炼出以下关键内容：①双方的核心义务；②付款条款；③违约责任；④合同终止条件。用简洁易懂的语言表达。

这样的提问方式可以确保 DeepSeek 关注合同的关键内容，而不是逐字解释所有条款，能够提供清晰的合同解读，而不会过于法律化。

DeepSeek 深度思考

合同和法律文件通常措辞严谨，涉及多个法律概念和责任分配。为了让用户高效地理解合同的核心内容，我会从以下几个方面优化解读方式。

1. 提炼核心条款，去除冗余信息

合同通常包含大量标准化条款（如定义、适用法律等），但用户真正关心的是其中的核心义务、付款条款、违约责任等。因此，我会优先提炼这些关键信息，而非逐条解释所有法律条款。

2. 转换法律语言，使其易于理解

法律文件中的专业术语，如"不可抗力""违约金""合同履行义务"等，可能对普通人来说难以理解。因此，在解读时，我会尽量用通俗易懂的语言表达。例如：

- 原文："若乙方未能按期付款，则需支付逾期违约金，每日按合同金额的 0.5% 计算。"
- 优化解读："如果付款方（乙方）未能按时支付款项，他们需要支付每日 0.5% 的滞纳金。"

3. 提供现实案例，增强理解

仅仅翻译条款可能还不够，用户可能不清楚这些条款在现实中如何适用。因此，我会增加案例分析。例如：
- 竞业禁止条款：如果员工在离职后6个月内加入竞争对手公司，可能会被起诉，并需支付违约金。

4. 针对不同合同类型，调整解读方式
- 劳动合同：重点关注薪资、离职条款、竞业限制等。
- 租赁合同：关注押金、租期、提前解约条款等。
- 商业合同：重点解读付款方式、违约责任、知识产权归属等。

DeepSeek 回答

原始合同条款示例

甲方（公司）与乙方（员工）签订本劳动合同，乙方应严格履行岗位职责，并不得在在职期间或离职后六个月内从事与甲方相竞争的业务。若乙方违反本条款，则需支付甲方相当于六个月工资的违约金。

优化后的合同解读
- 工作职责：员工需要严格按照岗位要求履行工作职责。
- 竞业禁止条款：员工在职期间及离职后6个月内，不能加入竞争对手公司或自己开展相同业务，否则需要支付公司6个月工资作为违约金。
- 现实影响：如果你计划离职并加入竞争对手公司，你可能需要支付赔偿，建议与公司确认是否可以协商免除竞业限制。

▸ 案例回放复盘

合同解读不仅仅是翻译法律术语，更重要的是让用户快速理解其权利、义务及潜在风险。通过 DeepSeek 的帮助，用户可以快速理解合同中的关键条款，避免因误解法律文件而带来的风险，同时也能更好地进行合同谈判和决策。法律/合同解读的具体技巧总结见表 4.3。

表 4.3　法律/合同解读的具体技巧总结

技　巧	具　体　方　法
明确合同类型	确定合同是劳动合同、租赁合同、商业合同等，便于优化解读方式
聚焦关键条款	关注核心条款，如工资、违约责任、合同终止条件，避免信息过载
简化法律语言	用通俗易懂的语言解释复杂法律术语，确保普通人能理解
提供现实案例	通过实际案例说明合同条款如何影响个人决策，增强理解
提出可行建议	针对潜在风险，建议如何规避或协商合同条款，如谈判违约金或竞业禁止条款

4.2 写作加速：从灵感到成稿，只需给 DeepSeek 一句话

当写作遇到瓶颈时，DeepSeek 能成为创作伙伴，无论是文章开头、段落衔接，还是文章结构的安排，它都能提供灵感与结构建议。DeepSeek 不仅能快速生成高质量的文本，还能根据不同风格与语境调整内容，从而让写作更为高效且充满创意。

4.2.1 短篇小说起草：如何用 DeepSeek 生成符合设定的故事开头

你是否曾尝试让 AI 直接写一段短篇小说的开头，却发现生成的内容与预期大相径庭？有时 AI 的情节偏离主题，变成奇幻冒险而非温柔惆怅的爱情故事；有时节奏不符，缺乏细腻的氛围；甚至 AI 可能忽略设定的核心概念，让"平行时空"变得模糊。如何才能让 AI 按照你的构思进行写作？本案例将展示如何通过精准提问，引导 DeepSeek 生成符合设定的故事开头。

▶ **编写提示词指令**

许多初学者在使用 DeepSeek 进行小说创作时，往往会给出过于宽泛的指令。例如：

> ✗ 写一个关于平行时空恋人的小说开头。

这样 DeepSeek 可能会随机生成一个故事，但很可能偏离你的想法，如故事的设定变得模糊，或者风格不符预期。如果想让 DeepSeek 按照你的创意展开写作，需要更加明确的指令。例如：

> ✓ 我构思了一篇短篇小说，讲述一对恋人在不同的平行时空中相遇。他们每次交错时记忆都会重置，但一次意外让他们意识到彼此的存在。我希望开头展现他们"偶然"相遇的场景，氛围温柔而惆怅，采用第一人称，突出他们的疑惑与悸动。

这个提问比简单的指令更能引导 DeepSeek 生成符合设定的文本，因为它明确了故事设定：平行时空 + 记忆重置 + 偶然相遇；情感基调：温柔而惆怅；叙事视角：第一人称；具体场景：展现某次"偶然"相遇。这样精准提问能让 DeepSeek 更容易理解你的创作意图，从而避免内容偏差，提高文本质量。

DeepSeek 深度思考

好，我需要为用户构建一段短篇小说的开头，展现一对恋人在不同的平行时空中"偶然"相遇的瞬间。每次相遇，他们的记忆都会重置，但这一次，他们将察觉到彼此的存在。关键要素是偶然性、温柔、惆怅，以及悸动。

首先，我需要精准把握偶然的相遇。相遇不能是刻意安排的，而是某种命运般的重叠，可能是在雨夜的街角，或者是某个安静的书店中。我要用细节营造一种"似曾相识"的氛围，如熟悉的香气、重复的肢体动作或某个特定物品的闪现（如银杏叶、围巾的颜色变化）。

其次，记忆重置构成了故事的情感张力。他们每次都是陌生人，但某些细节却让他们感到奇怪的熟悉。这种感觉不能过于直白，而是应该通过微妙的身体反应和心理描写展现，如对方的目光让人心跳加速，但大脑却无法解释这种悸动。

氛围至关重要，我要确保它是温柔且惆怅的。语言要细腻柔和，避免直接描述，而是通过环境衬托，如微光下的剪影、风中浮动的围巾、雨滴落入咖啡杯的瞬间。对话需要克制、短促但富有张力，让读者在字里行间感受到他们之间若即若离的联系。

最后，第一人称视角意味着情感的传递必须是内化的。我需要让主角的疑惑、悸动、隐隐的失落感缓缓渗透进叙述，让读者随着主角一起发现"不对劲"的地方。这种情绪的积累不能一蹴而就，而是要通过一些细微的异常铺垫，如同时间本身出现了错位。

DeepSeek 回答

平行时空的恋人

我数到第三片银杏叶飘进咖啡杯时，玻璃门上的铜铃响了。

雨水顺着书店的落地窗蜿蜒而下，把街对面的霓虹招牌晕染成模糊的光斑。我摩挲着马克杯的缺口，这个动作熟悉得像是重复过千百次。新来的客人带着潮湿的雾气落座在斜对角，藏蓝色围巾尾端垂落在地，沾着两片金黄的银杏叶。

"您的焦糖玛奇朵。"店员的声音惊飞了悬在空中的雨丝。我抬头时正撞进一片琥珀色的海，他睫毛上凝着细小的水珠，随着眨眼的动作坠落在翻开的《时间旅行者的妻子》扉页。雨水的气息里混着白檀香，这味道让我太阳穴突突跳动。

他的手指擦过我的手背去抽纸巾，体温比常人低些。"抱歉，"他说，声音像浸过雨水的绸缎，"我们是不是……"话音突然卡在喉间，瞳孔微微收缩。我顺着他的视线低头，发现自己的浅灰色围巾不知何时变成了和他一样的藏蓝色。

玻璃橱窗发出细碎的嗡鸣，书架上的金属书立开始高频震颤。我按住突然抽痛的额角，看见他风衣口袋里滑出半片银杏叶——和我夹在笔记本里的那枚叶脉走向完全一致。暴雨声里有什么在轰鸣，不是雷声，倒像是无数个平行时空的胶片正在错位摩擦。

"等等！"在他起身的瞬间我抓住他的袖口，冰凉的缎面下传来脉搏的震动。橱窗映出我们交叠的倒影，雨幕中浮现出无数个相似的轮廓，每个我都系着不同颜色的围巾，每个他都伸手去接空中旋转的银杏叶。

▶ 案例回放复盘

DeepSeek 依据设定生成了一个细腻而神秘的开篇。它通过光影、气味、物品线索营造氛围，使读者感受到角色的熟悉感和隐约的悸动。围巾颜色变化、银杏叶的重复出现及突发的书架震颤，都是 DeepSeek 用来暗示平行时空错位的细节，而第一人称的内心描写则增强了沉浸感,让读者与角色同步察觉异常。短篇小说起草的提问技巧总结见表 4.4。

表 4.4 短篇小说起草的提问技巧总结

技 巧	具 体 方 法
精准设定	明确世界规则,如时间循环、量子现象,确保 DeepSeek 把握故事核心
情感基调	设定情绪风格,如温柔、神秘、伤感,以引导 DeepSeek 生成符合氛围的内容
叙事视角	说明希望使用的视角,如第一人称增强代入感,或第三人称展现多角度叙事
物品线索	使用重复元素(如围巾、银杏叶)来强化感觉,建立记忆关联
环境细节	通过气味、光影、触觉等感官描述,让 DeepSeek 生成更具沉浸感的文本
对话重复	让 DeepSeek 在不同场景中重复类似的对话,制造微妙的变动,暗示时间或记忆的错乱

4.2.2 撰写影评:如何用 DeepSeek 帮助写出深度影评

无论是电影、电视剧还是纪录片,观看后写一篇有深度的影评既能整理思绪,也能与他人分享心得。影评不仅仅是对电影剧情的概述,更是一种对电影主题、导演手法、演员表现及社会意义的深度剖析。一篇好的影评应该既能吸引读者,又能提供有价值的观点。然而,许多影评初学者常常面临以下问题:仅仅停留在剧情复述,缺乏深入的分析和个人观点;逻辑混乱,缺少条理,导致读者难以理解核心思想;语言表达不够生动,缺乏影评应有的感染力。如何才能让 DeepSeek 帮助我们写出既有个人观点又具有逻辑结构的影评?本案例将展示如何通过精准提问,引导 DeepSeek 生成符合预期的影评内容。

▶ 编写提示词指令

想要一篇生动的、具有深度的影评,不能只是简单地提出请求。例如:

> ✗ 写一篇关于《盗梦空间》的影评。

简单的提问缺乏具体信息,DeepSeek 可能会仅概述剧情,而没有深度分析,导致文章流于表面,缺乏个人观点。为了得到更有价值的内容,可以优化提问。例如:

> ✓ 请帮我撰写一篇关于《盗梦空间》的影评,重点分析电影的非线性叙事方式如何增强故事的复杂性,并探讨电影如何通过梦境的概念讨论现实与幻想的边界。请使用清晰的逻辑结构,并结合导演诺兰的电影风格进行分析。

这个提问明确了电影主题（梦境与现实的边界）、分析重点（非线性叙事、导演风格）、语言风格（逻辑清晰）。这样，DeepSeek 能够更精准地围绕核心话题展开分析，生成更具深度的影评。

DeepSeek 深度思考

撰写影评不仅仅是讲述故事，而是要对电影的各个层面进行深入剖析。我在撰写影评时，会遵循以下几个核心原则。

1. 选择核心分析角度，避免泛泛而谈

电影是多层次的艺术形式，一篇影评不可能面面俱到。因此，我会优先选择一个或两个核心分析点。例如：

- 叙事结构（如非线性时间、视角切换）。
- 视觉风格（如色彩运用、镜头语言）。
- 主题探讨（如哲学、社会意义）。
- 角色塑造（如人物成长、冲突）。

2. 结合导演风格，提供更有深度的分析

一部电影往往反映了导演的个人风格。例如，诺兰的电影以复杂叙事和现实探索著称，因此在分析《盗梦空间》时，我会考虑它与诺兰其他作品（如《记忆碎片》《星际穿越》）的共同点，以增强分析的专业性。

3. 确保逻辑清晰，分层次展开分析

一篇好的影评需要有条理，而不是零散的感受。常见的影评结构如下：

- 引言：提出电影主题和个人观点。
- 分析1：剧情与叙事方式。
- 分析2：电影的主题表达。
- 分析3：导演风格与电影语言。
- 总结：扩展思考，如现实世界的意义。

4. 增强语言表现力，使影评更具吸引力

影评是艺术分析的一部分，因此语言不应过于枯燥。我会使用生动的比喻和富有画面感的表达。例如：

- 不推荐："电影的故事结构很复杂。"
- 推荐："电影的叙事结构如同一座精心设计的迷宫，每一步都隐藏着新的线索，挑战观众的逻辑推理能力。"

DeepSeek 回答

《盗梦空间》：现实的迷宫，梦境的陷阱

当多姆·柯布在层层递进的梦境中寻找回家的路时，观众也被带入了一个关于现实与幻想的迷宫。克里斯托弗·诺兰以其标志性的非线性叙事和复杂的时间结构，使这部电影成为一场关于意识的实验。

非线性叙事：多层梦境的精妙设计

《盗梦空间》的最大亮点之一，是其精妙的叙事方式。电影并非按照传统的时间线索展开，而是采用"梦中梦"的结构，构建了一个多层次的故事世界。每层梦境的时间流速不同，使剧情充满张力，同时也考验观众的逻辑推理能力。诺兰通过剪辑和叙事设计，使观众不仅是旁观者，更像是故事的一部分，必须在信息碎片中拼凑出完整的现实。

现实与幻想的边界：梦境的意义

电影的另一大核心主题，是现实与梦境的边界问题。在柯布的世界里，梦不仅仅是潜意识的映射，更是一种逃避现实的方式。电影反复强调一个问题：我们如何确定自己所处的是现实？影片的结尾，旋转的陀螺在模糊中停留，成为最具争议的象征——现实到底是什么？这个未解之谜不仅让观众深思，也成为诺兰电影的一大标志性结尾。

▶ 案例回放复盘

通过精准提问、合理架构文章、优化语言表达，并结合 DeepSeek 的智能辅助，影评写作可以变得更加高效且富有深度，但真正的影评价值仍然在于个人的独特解读。因此，在使用 DeepSeek 撰写影评时，学习者应当结合自己的观影体验，对 DeepSeek 生成的内容进行调整和个性化补充，使其更符合自己的写作风格。撰写影评的具体技巧总结见表 4.5。

表 4.5　撰写影评的具体技巧总结

技　　巧	具 体 方 法
选择核心分析点	选定 1~2 个核心主题，如叙事方式、导演风格、哲学思考
逻辑清晰	采用"引言—分析—总结"结构，确保影评有条理
增强表达力	用富有画面感的语言，使影评更具吸引力
结合导演风格	参考导演的其他作品，增强分析深度

4.2.3　旅行游记：如何用 DeepSeek 写出生动的旅行记录

旅行游记不仅是对旅途的记录，更是情感与风景的交汇。许多人在写游记时，容易陷入简单的流水账，缺乏画面感、情感表达或结构逻辑，使文章难以引人入胜。如何用文字让读者感受到旅途中的美景、人文和情绪变化，是写作的关键。通过 DeepSeek 的辅助，可以优化游记的语言表达，增强多感官描写，使文字更具沉浸感；同时，DeepSeek 能帮助整理旅行经历，使游记层次分明，避免杂乱无章。此外，DeepSeek 还能结合不同的写作风格，调整语气，使游记既生动又富有感染力。本案例将探讨如何精准引导 DeepSeek 生成富有画面感和个人情感的旅行游记。

➔ 编写提示词指令

许多人在提问时没有指定重点，只给出一个标题。例如：

> ✗ 帮我写一篇关于巴黎的旅行游记。

这样的指令过于宽泛，DeepSeek 可能会给出千篇一律的介绍，而缺乏个性化细节和真实体验。若想让游记更加细节化和更富有情感，则需要加入更多内容。例如：

> ✓ 我想写一篇关于巴黎的旅行游记，重点描述在黄昏时分登上埃菲尔铁塔，俯瞰整座城市灯火初上的景象。请用生动的语言描绘视觉、听觉、嗅觉等感官体验，并融入我的情感，让读者感受到这份震撼与浪漫。

这样的提问确保 DeepSeek 可以丰富细节（地点：埃菲尔铁塔；时间：黄昏；氛围：城市灯光）、增加感官体验（视觉：灯火；听觉：城市喧嚣；嗅觉：夜晚空气的气息）和个人情感（震撼、浪漫）。

DeepSeek 深度思考

旅行游记的核心在于让读者"感同身受"，不仅仅是罗列景点，而是让他们透过文字，感受到你的旅途经历。因此，我在撰写游记时，会重点考虑以下几个方面。

1. 构建画面感，让文字具有代入感
- 通过视觉、听觉、嗅觉、触觉等多感官描写，让读者"看到"旅途中的风景。
- 例如，不仅描述"京都的红叶很美"，而是写"微风轻拂，金红色的枫叶如流动的火焰般覆盖整片山谷。"

2. 合理安排结构，使游记层次清晰

采用"起—承—转—合"结构，使文章更具节奏感。
- 起：引入旅行的目的或背景（如"小时候听过埃菲尔铁塔的故事，如今终于来到这里"）。
- 承：详细描述旅途经历（如从铁塔底部排队到登顶的过程）。
- 转：分享个人思考（如"巴黎的浪漫不仅在风景，更在街角的人文气息"）。
- 合：总结旅行的感悟（如"这次登塔让我对旅行的意义有了新的理解"）。

3. 表达个人情感，让游记更具温度
- 旅行游记不仅仅是介绍景点，更要写出个人的情绪变化。
- 不推荐："埃菲尔铁塔很高，风景很好。"
- 推荐："站在铁塔顶端，俯瞰整座城市的灯光时，我才真正理解了巴黎为何被称为'光之城'——那些闪烁的灯光，仿佛是这座城市的心跳。"

DeepSeek 回答

登上埃菲尔铁塔的黄昏

黄昏的巴黎，总带着几分诗意。

站在埃菲尔铁塔的顶端，我俯瞰着逐渐被夜色笼罩的城市。塞纳河如一条温柔的丝带，静静流淌，映照着桥上灯光的倒影。街头的露天咖啡座仍有人低声交谈，微风中夹杂着新鲜出炉的法棍香气。我闭上眼，深吸一口气，夜晚的巴黎，像一杯刚刚醒好的红葡萄酒，醇厚而悠长。

耳边是微风拂过钢架的声音，远处的街头艺人拉着小提琴，一曲 *La Vie En Rose*《玫瑰人生》悠然响起。我站在这座塔上，仿佛置身于时光的交汇点，既是游客，又像是巴黎的一部分。

当夜幕彻底降临，巴黎的灯光亮起，眼前的景象让我屏住了呼吸。眼下的城市，如银河洒落人间，一盏盏路灯、一座座桥梁，交织成巴黎独有的浪漫。而我，站在这里，仿佛见证了一个梦境的成真。

▶ 案例回放复盘

在本案例中，DeepSeek 为游记创作提供了高效而有力的支持，它帮助整理旅行经历，使叙述更具逻辑性，避免杂乱无章；通过优化语言表达，DeepSeek 增强了文字的感染力，结合多感官描写，让读者仿佛置身其中。撰写旅行游记的具体技巧总结见表 4.6。

表 4.6 撰写旅行游记的具体技巧总结

技 巧	具 体 方 法
构建画面感	结合视觉、听觉、嗅觉等多感官描写，使文字更具代入感
合理安排结构	采用"起—承—转—合"结构，确保游记逻辑清晰，节奏自然
表达个人情感	融入自己的所思所感，使文章更具温度和感染力
优化语言表达	使用生动的比喻和修辞，增强文章的文学性和可读性

4.3 作文/论文辅导：学生党和职场达人都适用

无论是学术论文的撰写，还是职场报告的编制，DeepSeek 都能提供强有力的写作支持。它不仅能够帮助优化文章结构，提升逻辑性，还能在引用管理、数据整理等细节上助你省时省力。在本节中，将介绍如何利用 DeepSeek 进行作文优化、报告撰写及论文引用管理的各类辅助工作。

4.3.1 竞赛作文优化：用 DeepSeek 提升文章质量，让竞赛作文脱颖而出

扫一扫，看视频

竞赛作文不仅考验语言表达能力，更要求深刻的立意、清晰的逻辑和富有感

染力的文字。许多参赛者在写作时常遇到立意平庸、论证薄弱、表达不够生动等问题，导致文章难以脱颖而出。要想让作文更具竞争力，需要在立意上挖掘更独特的视角，在论证上增加权威引用和逻辑推理，并通过修辞和多层次表达提升文章的文学性。DeepSeek可以帮助优化作文，使其逻辑更加严密、表达更加生动，同时确保结构合理、内容层层递进。

▶ 编写提示词指令

许多人在请求DeepSeek优化作文时，没有给出具体的要求。例如：

> ✗ 帮我修改这篇作文。

这样的指令过于模糊，DeepSeek可能只是简单改进语法和词汇，而不会深入调整文章的立意、结构和表达方式。更好的提问方式应包括优化方向、目标受众、写作风格、具体修改建议等。例如：

> ✓ 这是我为作文竞赛写的一篇文章，主题是"科技与人文的平衡"。请帮我优化，使立意更加深刻，论证更加严密，并用更有感染力的语言表达观点。请保持文章结构清晰，适当增加富有哲理的句子，以增强思想深度。

这样的提问可以确保文章核心的主题清晰（科技与人文的平衡）、文章优化方向明确（深化立意、加强论证、提升语言感染力）、目标受众清晰（作文竞赛，需要展现思维深度和表达技巧），从而增强文章竞争力。

DeepSeek深度思考

竞赛作文的核心在于思想深度、逻辑清晰、表达精彩。面对一篇需要优化的竞赛作文，我会重点关注以下几个方面。

1. 深化立意，使文章更具独特视角

评委通常会阅读大量文章，常规的观点难以引起共鸣。我会寻找更深刻的角度。例如：

● 普通立意："科技发展让生活更便利。"

● 优化立意："科技的发展不仅改变了我们的生活方式，也重塑了我们的价值观和社会伦理。"

2. 增强逻辑和论证，提高文章的说服力

议论文需要有力的论证，而不是空泛的观点。我会：

● 增加权威数据（如科技发展带来的社会影响统计）。

● 结合现实案例（如人工智能在医疗领域的应用）。

● 运用逻辑推理（如"如果科技发展不受伦理约束，可能会导致社会失衡"）。

3. 优化语言，使表达更加生动有力

竞赛作文不仅要有思想深度，还要具备文学性或感染力。我会：

- 替换平淡的描述:"科技让生活更便捷。"
- 优化表达:"科技如一把双刃剑,在提供便捷的同时,也改变了我们对世界的认知。"
- 增强修辞手法(比喻、排比、对比),让文章更具美感。

4.调整结构,使文章逻辑层层递进

一篇好的竞赛作文通常包含:
- 引言:提出观点,吸引读者。
- 主体:通过层层递进的论证,增强文章的说服力。
- 结尾:升华主题,留下深刻印象。

DeepSeek 回答

优化前的文章

科技与人文的平衡

科技的进步推动了社会的发展,使人们的生活变得更加便利。从蒸汽机时代到信息化时代,科技不断突破人类的极限,人工智能、大数据、自动化等技术正在改变世界。然而,科技的高速发展也带来了新的问题。例如,人工智能的普及可能会导致部分工作岗位被取代,智能技术的使用可能会影响人际关系,甚至造成伦理困境。因此,科技的发展需要与人文保持平衡。

科技是理性的,它追求效率和精准,而人文则是温暖的,关乎人的情感和价值观。一个社会如果过度依赖科技,可能会让人与人之间的联系变得冷漠。例如,智能手机让沟通更加便捷,但也让面对面的交流减少,导致人与人之间的情感联系变得疏远。同样,在医疗领域,人工智能能够提供精准诊断,但如果完全取代医生的判断,可能会让医疗失去人性化的一面。

科技与人文并非对立的,而是相辅相成的。科技的发展应该以人为本,关注人的需求和价值,而人文精神也应该渗透到科技发展中。例如,日本在人工智能的应用上,不仅关注技术的提升,还注重如何让机器人具备情感互动功能,帮助老年人缓解孤独感。这种结合科技与人文的做法,使得技术不仅仅是冷冰冰的工具,而是能够真正改善人类生活的力量。

未来,科技的发展仍然需要人文精神的引导。我们应该思考,在追求科技进步的同时,如何让它更好地服务于人类,让科技的理性与人文的温度保持平衡。只有这样,社会才能实现真正的进步,而不仅仅是技术的堆砌。

优化后的文章

科技与人文的平衡:理性与温度的共生之道

科技是推动人类文明前进的引擎,而人文则是指引社会方向的灯塔。二者如同鸟之双翼,缺一不可。然而,在科技突飞猛进的今天,人类社会似乎正站在理性与温度的分界线上:人工智能在解放生产力的同时,是否会取代人类独有的创造力?数字化的沟通方式让信息传递更加高效,却是否正在消解人与人之间最珍贵的情感联结?科技与人文的平衡,并非二者的对立,而是融合,是如何让冷峻的技术拥抱温暖的价值观,让创新的发展不偏离人的本质需求。

科技进步：人类文明的加速器

科技推动社会进步的力量毋庸置疑。从蒸汽机革命到信息技术的爆发式增长，科技不断打破人类能力的边界，提升生产力，创造更便利的生活。人工智能、大数据、基因工程等前沿科技的发展，使医疗更加精准，交通更加智能，沟通更加便捷，极大地改善了人类福祉。科技不仅是人类智慧的体现，更是社会发展的加速器。

然而，如果科技的发展仅仅追求效率，而忽视了人文价值，它便容易走向异化。正如英国学者赫胥黎在《美丽新世界》中所描绘的场景，科技高度发达的社会并不意味着人类幸福感的提升，反而可能使个体成为被精准计算与管理的机器零件，缺乏思想与情感的自由。因此，我们必须警惕，科技的进步不应成为人性的枷锁，而应成为人类幸福的助推器。

人文精神：科技发展的道德尺度

如果科技是航行的船帆，那么人文便是指引航向的罗盘。在技术发展的狂飙突进中，伦理问题、社会责任、文化价值成为越来越重要的议题。例如，人工智能的伦理困境：自动驾驶汽车在突发事故中应如何决策？大数据算法是否侵犯了个体隐私？这些问题都表明，科技不能仅仅追求功能上的卓越，而必须植入人文关怀，以确保其发展不会违背社会公平和道德准则。

真正的科技进步，不是冷冰冰的技术堆砌，而是兼顾效率与伦理的平衡。例如，日本在机器人技术发展上，除了关注机械效率，还注重机器与人的情感连接，研发出能够陪伴老年人的智能机器人，使科技成为提升人类幸福感的工具，而非孤立人类情感的屏障。这种对人文精神的尊重，让科技的发展更加符合人性的需求。

科技与人文的平衡：寻找理性与温度的共鸣

科技的本质是理性，而人文的核心是温度。如何让这二者在发展中找到共鸣，是未来社会必须面对的重要课题。首先，科技发展应当遵循伦理原则，企业在追求技术突破的同时，也应承担社会责任。例如，AI技术的应用应有明确的边界，以保护个人隐私，确保技术的发展不会侵犯基本人权。其次，教育体系应强调科技与人文的融合，培养既具备科学思维，又有深厚人文素养的综合型人才，让技术不仅是工具，更是智慧与温度的载体。

从更宏观的角度来看，科技与人文的平衡，最终指向的是社会发展模式的选择：我们是愿意被冰冷的算法支配，还是让科技成为人类价值的延伸？我们是希望机器取代所有劳动，还是让技术成为人类能力的补充？正如爱因斯坦所言："科技的进步本身并不会引导我们走向幸福，只有人道主义精神的滋养，才能赋予它真正的意义。"

科技是人类文明的翅膀，而人文则是给予这双翅膀方向的指南。二者的平衡，并非科技对人文的压制，或是人文对科技的限制，而是彼此融合、共生互补。当科技以人文为灯塔，才能避免迷失在冰冷的理性世界；当人文借助科技腾飞，才能让思想的光芒照亮更广阔的未来。科技与人文的平衡，不仅关乎技术的走向，更关乎人类如何定义自身、塑造未来。这场关乎理性与温度的共鸣，决定了我们前行的方向。

▶ 案例回放复盘

通过精准提问和合理的结构优化，DeepSeek 可以帮助提升竞赛作文的质量，使文章更具思想性、逻辑性和文学性，让文章在竞赛中脱颖而出。借助 DeepSeek 的辅助，在立意上可以挖掘更独特的视角，避免落入陈词滥调，使文章的思想深度更上一层楼。同时，DeepSeek 能够优化文章的逻辑结构，确保论证环环相扣，使观点表达更加清晰有力。此外，还能帮助提升语言表现力，运用更丰富的修辞手法、精准的词汇搭配，以及更富感染力的表达方式，使文章不仅严谨，而且富有艺术性。竞赛作文优化的具体技巧总结见表 4.7。

表 4.7 竞赛作文优化的具体技巧总结

技 巧	具 体 方 法
深化立意	选取新颖的视角，避免常见论点，让文章更具思考深度
增强论证	引入数据、案例、权威引用，使文章更具说服力
优化语言	使用修辞、比喻、排比等技巧，使表达更加生动有力
调整结构	采用清晰的"引言—主体—结论"结构，使逻辑更加严密

4.3.2 职场调研报告：如何精准引导 DeepSeek 撰写职场调研报告

在职场中，调研报告是一种重要的分析工具，它不仅用于市场研究、用户反馈、行业趋势分析，还能帮助企业作出更精准的决策。然而，撰写一份高质量的调研报告往往需要大量的数据整理、逻辑分析和精准的语言表达，许多职场人士常常遇到以下难题：数据繁杂、报告逻辑混乱、缺乏层次感、语言表达不够专业、时间有限，难以高效完成报告。如何利用 DeepSeek 高效整理数据、优化分析框架并提升报告的逻辑性和专业表达？本案例将探讨如何通过精准提问，引导 DeepSeek 生成一份清晰、严谨且富有洞察力的职场调研报告，让报告更具说服力和实用价值。

▶ 编写提示词指令

在使用 DeepSeek 寻求帮助时，如果给出的主题过于宽泛，DeepSeek 可能会生成一个普通的综述。例如：

> ✗ 帮我写一份职场调研报告。

这样的指令过于模糊，DeepSeek 无法确定调研主题、数据来源、目标受众和报告的核心结论。优化提问、加入更具体的细节可以生成有针对性的分析报告。例如：

✔ 请基于 2023 年的市场数据，撰写一份关于"远程办公对员工工作效率影响"的调研报告。报告需要包括：①市场趋势分析；②数据支持的核心发现；③远程办公的优缺点；④对企业管理的建议。请用清晰的结构和专业的语言表达，并确保数据分析部分具有说服力。

DeepSeek 就会围绕远程办公的影响，结合行业数据展开深入分析，而不是只讨论远程办公的基本概念。

DeepSeek 深度思考

一份优秀的调研报告，不仅要准确传达数据和分析结果，还要确保结构清晰、论证有力，并能为决策提供实际价值。面对一份职场调研任务，我会从以下几个方面进行优化。

1. 提炼关键信息，使报告具有洞察力
- 过滤冗余信息，聚焦最具代表性的市场趋势和数据。
- 提出核心发现，如"远程办公模式下，80% 的企业员工认为他们的工作效率提高了，但 40% 的管理者认为远程办公导致团队协作变得困难。"

2. 优化逻辑结构，确保报告条理清晰
- 采用"现状分析 → 数据支持 → 主要发现 → 建议措施"的结构，使报告层次分明，逻辑严密。
- 在每个部分提供小标题，提高可读性，使读者能快速抓住重点信息。

3. 增强数据分析，提高报告的权威性
- 通过行业数据、调查问卷结果、案例分析等方式，提供客观的支撑材料。
- 例如，"据 Gartner 2023 年远程办公调查报告，全球约 75% 的企业已实施部分或完全远程办公模式，员工满意度平均提高了 15%。"

4. 提升语言表现，使报告更具专业性
- 采用正式、简洁的商业语言，避免口语化表述。
- 不推荐："远程办公可能对一些人有好处。"
- 推荐："数据显示，远程办公在提升员工自主性和灵活性的同时，也带来了沟通成本上升的挑战。"

DeepSeek 回答

远程办公对员工工作效率的影响——2023 年度调研报告

1. 研究背景

随着数字化办公工具的普及，远程办公逐渐成为全球企业的新常态。在特殊时期，企业加速采用远程办公模式，而如今，越来越多的公司将其作为长期工作模式的一部分。本报告基于 2023 年市场数据，分析远程办公对员工工作效率的影响，并探讨其对企业管理的挑战与机遇。

2. 数据分析与核心发现

全球趋势：据 Gartner 2023 年调查，75% 的企业已实施部分或完全远程办公，远程办公员工的工作满意度平均提高 15%。

生产力变化：远程办公员工每周平均工作时间增加 2.5 小时，但实际专注工作时间减少 8%。

企业反馈：40% 的管理者认为远程办公影响团队协作，60% 的员工认为灵活办公提高了个人效率。

3. 远程办公的优势与挑战

优势：提高员工灵活性、降低办公成本、提升全球化团队协作能力。

挑战：团队凝聚力下降、沟通成本上升、数据安全风险增加。

4. 企业管理建议

优化沟通工具：提升远程团队协作效率，使用更完善的协作平台。

制定混合办公模式：结合远程与线下办公，确保团队合作与灵活性并存。

加强员工培训：增强数字办公技能，提高远程管理能力。

▶ 案例回放复盘

职场调研报告的核心在于精准的信息提炼、清晰的逻辑结构和有力的数据支撑。通过 DeepSeek 的辅助，可以快速整合行业数据、优化报告结构，并提升语言的专业性，使报告更具说服力和实用价值。采用"现状分析—数据支持—主要发现—管理建议"框架，有助于使报告逻辑清晰、结论精准。借助 DeepSeek，职场人士能够更高效地撰写调研报告，使其不仅条理分明、数据可靠，还能满足商业决策需求，提高职场竞争力。撰写职场调研报告的具体技巧总结如表 4.8 所示。

表 4.8 撰写职场调研报告的具体技巧总结

技 巧	具 体 方 法
精准设定主题	确定调研方向，如行业趋势、员工满意度、市场分析
整合数据支撑	结合权威数据、调查问卷、行业报告，提高可信度
优化结构逻辑	采用"现状分析—数据支持—主要发现—管理建议"框架，使报告更有层次感
提升语言专业度	使用正式、简洁、客观的表达方式，使报告更加易读、精准

4.3.3 论文引用管理：如何用 DeepSeek 高效整理和规范引用

在学术写作中，引用管理是确保论文规范性和学术诚信的关键。然而，许多研究者常遇到引用格式混乱、信息缺失、手动整理耗时等问题，尤其是在面对不同期刊或机构要求的 APA、IEEE、MLA 等格式时，更容易出错。此外，随着研究的深入，引用文献数量增加，手动调整和管理变得愈发困难，甚至可能导致重复引用或错误引用。AI 技术的应用为论文引用管理提供了高效解决方案。AI 可以自动格式化文献、补全缺失信息、排序并检测重复引用，使学术写作更加精准、规范。结合 AI 与常见文献管理工具（如 Zotero、EndNote、Mendeley），研究者可以快速整理和引用文献，减少格式调整的烦琐工作，提升写作效率。本案例将探讨如何利用 DeepSeek 优化论文引用管理，确保文献引用的准确性和规范性，使研究者能更专注于论文内容本身。

▶ 编写提示词指令

许多研究者在使用 DeepSeek 辅助管理引用时，可能会简单地表述。例如：

> ✗ 帮我整理我的论文引用。

DeepSeek 可能无法确定你需要的引用格式，也无法区分哪些是关键文献，导致输出的引用列表不符合要求。更好的提问方式应包括指定引用格式、提供文献信息、指定任务、优化语言等。例如：

> ✓ 我正在撰写一篇关于人工智能的论文，以下是我的文献列表。请帮我将它们整理成 APA 格式，确保作者、出版年份、期刊名称等信息完整，同时按字母顺序排列。

这样的提问可以确保引用格式统一（APA 格式）、信息完整（包括作者、出版时间等关键信息）、排序规范（按字母顺序排列）、减少手动整理时间（AI 自动格式化，提高效率）。

DeepSeek 深度思考

在学术写作中，引用管理涉及多个方面，包括文献检索、格式转换、信息补充和自动整理。在处理论文引用时，我需要确保引用格式符合特定学术标准（如 APA、MLA、IEEE），同时保证文献信息的完整性和一致性。

研究者通常会面临引用格式混乱、信息缺失、重复引用等问题，因此，我会优先识别并补全缺失信息（如 DOI、出版年份、作者全名等），然后按照要求的格式自动整理和排序。

此外，不同学科对引用有不同偏好，如社会科学常用 APA，而工程领域偏向 IEEE，因此我需要根据具体需求调整格式和排序方式。同时，我会检查论文中的引用与文献列表是否匹配，避免遗漏或多余引用。

通过这些优化，我能够帮助研究者减少手动调整的时间，提高论文的规范性，使他们能更专注于学术内容本身。

DeepSeek 回答

示例：原始文献列表（格式混乱）

Turing, A. M. Computing Machinery and Intelligence. Mind, 1950, 59(236), 433-460.

Russell, Stuart J. and Peter Norvig. Artificial Intelligence: A Modern Approach, Pearson, 3rd ed, 2010.

Bostrom, N. Superintelligence: Paths, Dangers, Strategies. Oxford University Press, 2014.

整理后（APA 格式）

Bostrom, N. (2014). *Superintelligence: Paths, dangers, strategies.* Oxford University Press.

Russell, S. J., & Norvig, P. (2010). *Artificial intelligence: A modern approach* (3rd ed.). Pearson.

Turing, A. M. (1950). Computing machinery and intelligence. *Mind, 59*(236), 433-460.

整理后（IEEE 格式）

[1] N. Bostrom, *Superintelligence: Paths, dangers, strategies.* Oxford University Press, 2014.

[2] S. J. Russell and P. Norvig, *Artificial intelligence: A modern approach,* 3rd ed., Pearson, 2010.

[3] A. M. Turing, "Computing machinery and intelligence," *Mind,* vol. 59, no. 236, pp.

案例回放复盘

论文引用管理是学术写作中不可忽视的环节，正确的引用不仅能提高论文的可信度，还能避免学术不端行为。通过精准提问和 DeepSeek 的智能辅助，研究者可以更轻松地管理论文引用，避免频繁地手动调整格式，使论文写作更加高效、规范。论文引用管理的提问技巧总结见表 4.9。

表 4.9 论文引用管理的提问技巧总结

技　　巧	具 体 方 法
明确引用格式	指定需要的格式（如 IEEE、APA、MLA），避免 DeepSeek 误判格式要求
提供完整文献	提供文献列表，并注明哪些信息缺失，以便 DeepSeek 进行补充和整理
查重与排版	要求 DeepSeek 进行重复文献检查，并调整格式（如悬挂缩进、对齐方式）
补充 DOI	让 DeepSeek 自动查找并补充 DOI，确保引用的完整性和可追溯性

4.4　风格百变：让文字随心而变，创意十足

文字的魅力在于其多变性，一句话可以通过不同的语气和风格传递出完全不同的情感和信息。DeepSeek 能够根据用户的需求调整文本的语气，从幽默、正式到亲切，甚至浪漫，随时帮助用户调整文章的表达方式。本节将介绍如何利用 DeepSeek 实现风格上的创新，让文字充满创意与个性。

4.4.1　短信/社交媒体不同语气转换：如何精准引导 DeepSeek 调整语气

在日常交流和社交媒体互动中，不同的语气会影响信息的接收方式。无论是商务短信、社交媒体发文，还是日常聊天，不恰当的语气可能会导致误解，甚至影响人际关系。然而，许多人在撰写信息时常遇到以下问题：语气不符合场景、情感表达不够精准等。在职场邮件、短信、微博、朋友圈等不同平台，如何调整语气，使表达更合适？如何利用 DeepSeek 调整短信或社交媒体文案的语气，使表达更加精准，既符合情境，又能有效传递信息？本案例将探讨如何通过精准提问，让 DeepSeek 帮助优化沟通风格，使信息更得体、更具亲和力，并适应不同社交平台或交流场合的需求。

> ▶ 编写提示词指令

许多人在使用 DeepSeek 优化时，没有给出具体的优化方向和目标场景等信息。例如：

> ✘ 帮我改一下这条短信。

这样的指令过于模糊，DeepSeek 无法确定需要调整的方向，可能仅进行语法优化，而不会针对具体场景调整语气。在加上具体信息之后，DeepSeek 就能精确识别。例如：

> ✔ 请帮我把这条短信调整为更正式的商务风格，适用于发送给客户："你好，下周有空吗？我们可以聊聊合作的事。"请使表达更礼貌、专业，同时保持简洁。

这样提问可以确保 DeepSeek 生成更适合的方案。

> DeepSeek 深度思考

在不同场景下，语气的调整至关重要，合适的表达方式能够增强沟通效果，避免误解。我在优化语气时，会重点关注以下几个方面。

1. 匹配场景，确保语气适合受众
- 职场商务：语言正式、礼貌、精炼，避免模糊表达，如"希望您方便时能安排一次电话会议。"
- 朋友闲聊：语气自然、轻松，可以使用表情符号或幽默，如"嘿！有空约个咖啡吗？上次活动聊得还不够！"
- 社交媒体发文：根据平台调整风格，如LinkedIn应专业简洁，而X（Twitter）可以更随性、幽默。

2. 调整情绪表达，避免误解
- 太冷漠："收到。"
- 优化后："好的，收到！谢谢你！"（加上感谢，显得更友好）

3. 优化语序，使表达更自然
- 不推荐："下周二可以约见面吗？如果可以的话。"（有些生硬）
- 推荐："下周二你有空吗？我们可以约个时间见面。"（更自然）

> **DeepSeek 回答**
>
> **原始文本（发短信给客户，较随意）**
> "你好，下周有空吗？我们可以聊聊合作的事。"
>
> **商务正式版（适用于邮件、LinkedIn）**
> "尊敬的王先生/女士，您好！希望您一切顺利。想与您探讨关于合作的可能性，不知您下周是否方便安排一次会谈？期待您的回复。"
>
> **轻松礼貌版（适用于微信沟通）**
> "王总，您好！最近忙不忙？我这边有个合作想和您聊聊，看看下周您有没有时间见面？"
>
> **亲切随和版（适用于朋友间的合作邀约）**
> "嘿！最近怎么样？刚好有个项目想和你聊聊，下周有没有时间一起喝杯咖啡？"
>
> **Twitter 风格（适用于社交媒体）**
> "未来合作的机会总是值得探索！下周有空的朋友们，一起来聊聊创新项目吧！"

➡ 案例回放复盘

DeepSeek可以帮助用户精准地调整短信或社交媒体内容，使表达更符合场景需求，增强沟通效果，让信息既精准得体，又能有效传达意图。无论是在职场、社交还是日常沟通中，都能更自如地调整语气，提升沟通质量。语气转换的具体技巧总结见表4.10。

表 4.10　语气转换的具体技巧总结

技　巧	具 体 方 法
明确沟通场景	选择适合商务、社交、职场等不同场合的表达方式
调整语气风格	根据受众调整语气，如正式、随和、幽默或亲切
优化情感表达	添加适量的情感元素，如问候、感谢，避免冷漠表达
调整句子结构	使表达更自然流畅，避免冗长或生硬的句子
适配社交平台	在 LinkedIn 保持专业，在 Twitter 保持简洁，在微信聊天中要更自然和亲切

4.4.2　品牌故事改写：如何用 DeepSeek 优化品牌叙述，增强情感共鸣

品牌故事不仅仅是对企业发展历程的记录，更是品牌价值观、使命和情感的传递。一篇优秀的品牌故事能够塑造品牌形象、增强用户共鸣，并提升品牌忠诚度。然而，许多品牌在撰写故事时常遇到以下问题：叙述过于生硬、缺乏情感共鸣、结构不清晰、缺少吸引力、表达不够生动、难以记忆、未能突出品牌核心价值等。如何利用 DeepSeek 优化品牌故事，使其更具感染力、逻辑更清晰，并与品牌核心价值深度结合？本案例将探讨如何通过精准提问，引导 DeepSeek 优化品牌叙述，让品牌故事更具吸引力，并增强与用户的情感连接。

> **编写提示词指令**

如果提问时直接提出简单的目标。例如：

> ✘ 帮我改写我们的品牌故事，让它更有情感，更吸引人。

DeepSeek 可能只是进行简单的文字润色，而不会优化品牌叙事结构或增强情感表达。更好的提问方式应包括品牌背景（如行业、核心理念、创始初衷）、目标受众（如年轻消费者、高端客户、环保爱好者）、品牌故事优化方向（如增强情感共鸣、突出品牌价值、增加叙事性）、希望的语气风格等。例如：

> ✔ 这是我们品牌的故事："我们的公司成立于 2015 年，致力于生产环保材料。我们不断研发创新，确保产品可持续，同时满足现代消费者需求。"请帮我改写，使故事更具情感共鸣，强调品牌如何从一个简单的环保理念发展为如今的行业领先者，并融入品牌的初心和使命，使其更具吸引力。

DeepSeek 就会补充故事情节，增强品牌故事的叙事性，使其更具情感共鸣，

而不是单纯的企业介绍。

DeepSeek 深度思考

品牌故事不仅仅是讲述企业的历史,更是传递品牌的价值观和情感连接点。我在优化品牌故事时,会重点考虑以下几个方面。

1. 增强叙事性,使品牌更有故事感

采用"问题—探索—成长—愿景"的叙事结构,使品牌故事更具层次感。

- 例如,不只是说"我们是一家环保品牌",而是讲述品牌创始人如何受到环境问题的启发,决定投身环保事业。

2. 增加情感共鸣,使品牌更具温度

通过故事化表达,让消费者感受到品牌的初心和坚持。

- 例如,"我们最初只是一个小团队,希望找到既环保又美观的材料,但市场上几乎没有符合标准的产品。这促使我们开始研发自己的环保材料。"

3. 突出品牌价值,使故事具有独特性

明确品牌如何区别于竞争对手,并在故事中自然融入品牌特色。

- 例如,"与传统塑料不同,我们的产品可在两年内完全降解,而不是污染海洋数百年。"

4. 优化语言,使表达更具吸引力

采用富有画面感和情感的表达方式,而非单纯的数据和事实陈述。

- 例如,"每一件产品,都是我们对地球未来的一次承诺。"

DeepSeek 回答

原始品牌故事(较生硬)

我们的公司成立于2015年,致力于生产环保材料。我们不断研发创新,确保产品可持续,同时满足现代消费者需求。

优化后(更具故事性和情感共鸣)

2015年,在一次海滩清理活动中,我们的创始人看到无数被海浪冲上岸的塑料垃圾。这一刻,他意识到,如果不做出改变,我们的下一代可能无法拥有干净的海洋。于是,他辞去了原本稳定的工作,投入环保材料的研发中。起初,我们只是一个小团队,在实验室里一次次试验,寻找既环保又耐用的材料。如今,我们的产品已遍布全球,帮助无数家庭减少塑料污染。但我们的使命仍未改变:让环保成为每个人的生活方式。

➡ 案例回放复盘

品牌故事不仅仅是企业信息的堆砌,更是一种与消费者建立深度连接的方式。通过 DeepSeek 的辅助,品牌可以优化叙述方式,使故事更加生动、有吸引力,并精准传递品牌的核心价值,让品牌形象更具温度,真正打动消费者。品牌故事改写的具体技巧总结见表4.11。

表 4.11　品牌故事改写的具体技巧总结

技　巧	具　体　方　法
增强叙事性	采用"问题—探索—成长—愿景"结构，使品牌故事更有层次感
增加情感共鸣	通过故事化表达，让消费者感受到品牌的初心和坚持
突出品牌价值	在故事中自然融入品牌特色，突出品牌的独特性
优化语言表达	采用生动、有画面感的语言，使品牌形象更加立体鲜明

4.4.3　道歉信优化：如何让文字打动人心并传递真实情感

在情感表达中，道歉信承载着深刻的情感和心意，是修复关系的桥梁。然而，许多人在写这些信时常面临一些挑战：情感表述不真挚、语气过于生硬，或者虽然在道歉信中表达了歉意，但没有深入分析问题的根源，也没有给予充分的情感描述，使信件显得冷淡；又或是语言平淡，缺少细腻的描写，无法引发对方的情感共鸣。如何利用 DeepSeek 优化道歉信，让语言更加真挚、情感更为深刻，从而打动对方？本案例将展示如何通过精准提问，引导 DeepSeek 优化情感表达，使文字更具感染力。

▶ 编写提示词指令

许多人在表述时没有明确的情感表达方向和细节。例如：

✗ 帮我写一封道歉信。

DeepSeek 将无法根据具体情况进行优化，可能仅生成一个格式化的、冷漠的道歉信，缺少情感的层次和真挚的反思。更好的提问方式应包括信的对象和关系背景、情感表达的具体方向、故事细节或关键事件、情感基调等。例如：

✓ 我和我的恋人最近因为一次误会产生了争执，我意识到是我没有及时倾听她的感受，给她造成了不必要的伤害。我希望写一封道歉信，表达我的悔意和真诚，并承诺会更加用心听她的心声。请帮我优化表达，使信件既温暖又真诚，突出我深刻的反思和对未来的承诺。

有了具体的情景和关键事件等，DeepSeek 就可以根据情境具体化道歉信内容。

DeepSeek 深度思考

在优化道歉信时，关键在于情感的真诚与深度。首先，道歉信需要展现悔意与反思。我会从以下几个方面进行优化。

1. 情感深度的展现

道歉信：需要展现反思的深度，而不是仅仅说"对不起"。可以具体描述自己的错误，说明为什么会做出这样的行为,如何深刻影响了对方的感受,并表达自己愿意改正的决心。例如,"我意识到,每次你在我面前流泪时,我没有给予你足够的关怀,我错过了聆听你心声的机会。"

2. 语言的温暖与生动

通过生动的语言让对方感受到温暖,不只是简短的道歉或情感表达,而是富有画面感的叙述,能让对方在字里行间感受到温情。

3. 承诺与未来

在道歉信中,要加入承诺,体现出你愿意改变,并做出实际行动。未来的承诺能增强情感的可靠性和深度。

> **DeepSeek 回答**
>
> **原始道歉信**
>
> "对不起,我做错了。"
>
> **优化后的道歉信**
>
> "亲爱的,我知道我错了。我意识到那天你等了我一个小时,心里一定很失望。你总是那么善解人意,而我却让你感到被忽视。每次想起那一刻,我都深感愧疚。你值得最好的,我保证以后会更加珍惜我们的每一刻。我承诺,我会更加用心地倾听你,让你不再感到孤单或失望。"

▶ 案例回放复盘

道歉信作为一种修复关系的重要方式,不仅仅是表达歉意,它传递的是悔过的决心与未来的承诺。无论是因小误会还是重大错误,道歉信的内容和语气都需要恰到好处,既要表达深切的悔意,又要给对方传递积极的情感和信任感。通过精准地提问和细致地优化,DeepSeek 可以帮助我们写出更加真诚且具有深度的道歉信。优化后的道歉信能够准确表达悔意和反思,展现出未来改进的决心,同时也能有效修复关系。道歉信优化的具体技巧总结见表 4.12。

表 4.12 道歉信优化的具体技巧总结

技　　巧	具 体 方 法
增强情感深度	通过回忆、细节等手法让情感表达更加真挚和感人
语言温暖生动	使用生动的语言与温暖的语气,增强情感共鸣
承诺与未来	在信件中加入承诺,展现未来行动的决心

4.5 章节回顾

这一章的核心在于展示 DeepSeek 如何在不同创作场景中提供助力,无论是提炼信息、加速写作还是辅导文书,DeepSeek 都能让工作更高效、更有趣。重点在于如何将 DeepSeek 应用到实际创作过程中,并通过智能化的支持降低创作门槛,提高产出质量。

DeepSeek 的应用横跨信息提炼、创意写作、学术辅导和风格转换等多个领域,展现了其多功能的潜力。相同的是,DeepSeek 在每一个领域的作用都是提高效率、降低工作难度和提升创作质量。不同的是,针对不同的创作场景,DeepSeek 会提供不同类型的支持,精准适应用户的需求。

想要真正体验这些功能吗?不妨尝试下列实操:用 DeepSeek 快速整理一下最近看过的学习资料,或者尝试生成一篇求职信,看看它如何将你的要求转化成完美的文案。这样一来,你会更直观地感受到 DeepSeek 在创作上的巨大优势。

▶ 读书笔记

第 5 章　让创意一触即发：脑洞大开玩转自媒体

> 短视频、公众号、自媒体的内容质量不断提升，竞争也愈发激烈，想要脱颖而出，创意和效率缺一不可。DeepSeek 能帮你激发创意，生成吸睛标题、策划内容框架，甚至提供短视频脚本和营销文案。本章将带你探索 DeepSeek 如何助力内容创作，让你的想法更具吸引力。你将学会如何用 DeepSeek 进行头脑风暴，如何打造一条爆款视频点子，甚至如何让 DeepSeek 为你提供 DIY 创意灵感。如果你正在探索自媒体、短视频创作，或者只是想让自己的内容更有趣，DeepSeek 绝对是你的最佳搭档！

5.1　自媒体爆款创意文案：标题党 & 干货流

在自媒体时代，创意文案是吸引读者的关键。无论是追求高吸引力的"标题党"，还是着眼实用的"干货流"，DeepSeek 都能根据你的需求生成高效且有吸引力的文案。本节将介绍如何利用 DeepSeek 创作各类文章的吸睛标题和深入分析，帮助你精准掌控自媒体创作的节奏和风格。

5.1.1　美食探店文章：如何让 DeepSeek 生成夸张、吸睛的标题

你是否曾经遇到过这样的问题：当写一篇美食探店文章时，虽然内容很精彩，但就是缺少一个足够吸引眼球的标题？即使你描述了餐厅的特色菜、独特氛围和令人垂涎的味道，但标题的平淡往往无法吸引读者点击，从而错失了分享的机会。那么，如何才能让 DeepSeek 帮你创造出一个既夸张又吸睛的标题，让你的美食推荐文章迅速吸引眼球呢？

> ➡ 编写提示词指令

很多人在给文章拟定标题时，往往容易陷入"普通"或"无聊"的困境。例如：

> ✗ 写一个好吃的面馆标题。

这种指令虽然简单，但却没有提供足够的信息，使得 DeepSeek 很难抓住标题的关键。为了获得一个既夸张又吸睛的标题，需要用户给出更多的细节。例如：

> ✔ 我去了一家隐藏在城市角落的超美味面馆，它的秘制面条吃上一口就让人瞬间上瘾，帮我写一个夸张、吸睛的标题，需要突出它的独特口味和让人上瘾的特点。

这样的指令能帮助 DeepSeek 理解餐厅的独特之处，并且明确读者的期待，生成一个能引发好奇和欲望的标题。

DeepSeek 深度思考

当我思考如何生成一个夸张、吸睛的标题时，我首先要考虑标题的目的——引起强烈的注意。标题需要突出餐厅或菜品的独特性，最好能让读者产生强烈的好奇心，想要点击查看详情。夸张的元素可以从味道、视觉、用料、餐厅氛围等方面入手，甚至可以加入一些极限的形容词，如"秒杀味蕾""让你疯狂上瘾"等，以便放大餐厅的魅力。

其次，我需要让标题保持一定的悬念和诱惑感。例如，使用"让你欲罢不能"或"只有尝过才知道"的表达，暗示这是一种非尝不可的体验。通过对比和夸大某些食物的特点，能够让标题更具冲击力，形成强烈的视觉和心理效果，激发读者的兴趣。

DeepSeek 回答

这家面馆的秘制面条，你不吃一口绝对后悔！一试成瘾，秒杀所有味蕾！

▶ **案例回放复盘**

本案例展示了如何通过详细且富有创意的提问，引导 DeepSeek 生成一个夸张且吸睛的标题。提问时要明确餐厅或菜品的独特卖点，并用夸张的词汇来加强标题的吸引力。通过这种方式，DeepSeek 能更准确地抓住读者的兴趣点，生成具有高点击率的标题。优化提问的具体技巧总结见表 5.1。

表 5.1 优化提问的具体技巧总结

技 巧	具 体 方 法
突出特色	提供餐厅或菜品的独特特点，并要求 DeepSeek 强调这些卖点
夸张表达	使用夸张的词汇，如"秒杀""欲罢不能"等，来提升标题的吸引力
激发好奇心	让标题包含一定的悬念或暗示，如"你不吃一口绝对后悔"，激发读者的兴趣

5.1.2 健身干货分享：如何在 DeepSeek 的帮助下在 1 个月内练出马甲线

对于很多想要塑形的人来说，马甲线无疑是一个标志性目标。它不仅代表着身材的完美曲线，还象征着通过坚持锻炼和合理饮食所达到的体脂率和健康水平。然而，想要在 1 个月内练出马甲线，单纯依赖"硬拉"和"深蹲"等常规训练是不够的。特别是对于初学者，想要快速见效，需要从多个角度调整训练计划和生活习惯。那么，如何才能在 1 个月内有效练出马甲线呢？本案例将通过 DeepSeek 提供一个科学的训练与饮食计划，帮助你在短时间内见到突破性的成果。

➙ 编写提示词指令

很多人在向 DeepSeek 提出要求时，说法过于模糊和简单。例如：

✘ 帮我制订一个在 1 个月内练出马甲线的方案。

这种提问虽然简单，但却没有提供足够的信息，使得 DeepSeek 很难抓住关键。为了获得一份专业且具有针对性的计划，需要用户给出更多的细节。例如：

✔ 我希望在 1 个月内练出马甲线，能否给我一个结合高强度腹部训练、全身脂肪燃烧运动和饮食管理的具体方案？

这种提问能够帮助 DeepSeek 更好地理解你的目标，并为你量身定制一个全方位的方案，确保在饮食控制和训练方法上均达到最佳的效果。

DeepSeek 深度思考

好，我现在要为用户设计一个有效的马甲线训练计划，并考虑到时间限制，我会尽量将方案调整为高效且有针对性的。首先，要强调的是，马甲线并不仅仅依赖于腹部肌肉的锻炼。真正的关键在于降低体脂率，因为肌肉即使很发达，但如果被脂肪层遮掩，那么马甲线也不会显现出来。因此，控制体脂率是关键。

在训练方面，腹部肌群的强化确实很重要，但我还需要结合全身性的运动来提升脂肪燃烧的效率。例如，跑步、跳绳、高强度间歇训练（HIIT）等可以促进全身脂肪的减少，从而帮助展示腹部线条。同时，深蹲、硬拉等大肌群的训练能够提升基础代谢率，加速脂肪的燃烧。

关于饮食方面，我必须提醒用户，马甲线不仅仅是通过运动得来的，更多的是通过合理的饮食调节。减少过多的糖分和高热量食物，增加蛋白质和低脂肪食物的摄入，能够有效降低体脂率并促进肌肉的生长。

最后，我还要考虑到休息和恢复。马甲线的训练不仅仅要有高强度的动作，还需要充分休息和睡眠，让身体有时间恢复，避免过度训练导致肌肉疲劳或损伤。

DeepSeek 回答

1 个月练出马甲线的全方位计划

1. 训练计划

（1）核心训练（每周 3~4 次）：

● 平板支撑：每组坚持 60 秒，4 组。

- 俄罗斯转体：每组20次，4组。
- 登山者：每组30秒，4组。
- V字仰卧起坐：每组15次，4组。
- 腿举：每次15次，4组。

（2）全身脂肪燃烧训练（每周3次）：
- 高强度间歇训练（HIIT）：每次进行20分钟（如跳绳、Burpees等），间隔15秒的快速运动和15秒的休息。
- 跑步或骑行：每次进行30~40分钟，保持中等强度。

2. 饮食管理

（1）蛋白质摄入：每天至少摄入体重1.5倍的蛋白质，优选来源包括鸡胸肉、鱼类、蛋白粉等。

（2）减少碳水化合物摄入：减少精制碳水（如白面包、白米等），增加复合碳水（如全麦面包、燕麦等）。

（3）健康脂肪：增加单不饱和脂肪酸的摄入（如牛油果、橄榄油、坚果等），避免摄入过多的饱和脂肪。

（4）避免高糖食物：控制糖分的摄入，尽量避免甜点和含糖饮料。

3. 休息与恢复

（1）每周至少安排1~2天的休息日，保持充足的恢复时间。

（2）确保每晚7~8小时的高质量睡眠，帮助肌肉修复与生长。

4. 补充建议

（1）BCAA：帮助减少肌肉分解，训练前后补充。

（2）L-卡尼汀：增加脂肪燃烧，尤其是在有氧训练中。

（3）绿茶提取物：有助于加速代谢和脂肪燃烧。

▶ 案例回放复盘

本案例展示了如何通过DeepSeek设计一个具有明确目标和针对性的训练和饮食计划，希望DeepSeek提供一个结合腹部训练、全身脂肪燃烧运动和饮食管理的综合方案。通过这种方式，DeepSeek能够为用户制订出一个科学、全面且高效的马甲线塑造计划，确保在1个月内见到显著成果。制订健身计划的具体技巧总结见表5.2。

表5.2 制订健身计划的具体技巧总结

技 巧	具 体 方 法
综合目标	提出一个综合性的目标，既包含腹部训练，也考虑全身燃脂，帮助整体塑形
训练与饮食结合	强调饮食和训练的结合，保证既有针对性训练，又有合理的饮食控制
休息恢复	保证充分的休息时间，避免过度训练，确保肌肉有足够恢复的时间

5.1.3 财经热点解析：如何通过精准提问获得深刻的财经分析

在财经领域，尤其是处于信息瞬息万变的环境中，获取准确、及时的热点解析变得至关重要。财经新闻、股市动向、政策变化、国际经济形势等，都可能对投资者和企业决策产生深远的影响。然而，面对复杂多变的经济数据，如何利用 DeepSeek 提供精确的财经分析，并且引导 DeepSeek 从中提炼出有价值的见解，是一个值得深思的问题。

▶ 编写提示词指令

当你想要深入了解某一财经事件时，简单地进行提问并不会得到很有价值的答案。例如：

> ✘ 请分析最新的财经热点。

这种提问过于宽泛，DeepSeek 可能会给出一堆泛泛的、空洞的回答，而并非聚焦于真正重要的细节和核心内容。更有效的提问方式应该明确所关心的领域、事件和分析角度。例如：

> ✔ 近期股市大幅波动，尤其是科技股出现了显著的回调，能否分析其中的原因，并提供相关的投资建议？

或者

> ✔ 美联储加息的消息已经发布，如何看待其对全球金融市场的影响？可以从经济增长、通货膨胀和股市的角度来分析一下吗？

通过更具体的提问方式，DeepSeek 能够更好地聚焦于核心问题，从多角度提供深入的财经分析，帮助你更好地把握市场趋势。

DeepSeek 深度思考

首先，分析财经热点时，我会根据用户的提问方向，确定分析的核心内容。假如是关于股市波动，首先需要了解波动的背景，包括市场的整体趋势、影响因素（如国际形势、政策调整、公司财报等）。如果是美联储加息，这一事件直接影响到利率、资本流动、股市表现及全球经济，那么我需要从多个层面来解析其深远影响。

我会深入考虑宏观经济环境对股市的潜在影响。例如，美联储加息可能导致资本成本上升，进而对科技股、房地产股等领域产生冲击，尤其是那些负债较高的企业，它们可能面临更大的财务压力。我还要考虑通货膨胀的走势和全球供应链问题，这些因素将如何进一步影响投资者的风险偏好。

此外，也需要结合股市的技术面分析，如何通过 K 线图、量能变化、技术指标等，去判断市场的短期反应和长期趋势。这些技术层面的数据能为投资者提供直接的决策依据。

接着，了解政策层面的变化也是不可忽视的一部分。政策会对股市、债市、汇市等各大市场产生不同程度的影响，尤其是政府出台的经济刺激措施、财政政策等，都会左右市场资金的流动。

最后，我会考虑投资者的心理变化。在加息等重大事件影响下，投资者的情绪波动也会对市场走势产生影响，这部分的分析同样至关重要。结合以上各个方面的信息，综合给出一个分析结论和投资建议。

DeepSeek 回答

美联储加息：全球市场的多重影响

美联储最近宣布加息，市场反应强烈，全球金融市场出现大幅波动。加息的背后是美国经济持续增长的信号，同时也意味着为了控制通胀，美联储在货币政策上采取了更为紧缩的措施。这一决定的影响不仅局限于美国市场，全球经济都可能受到不同程度的波及。

首先，加息意味着资本成本上升，特别是对于那些依赖借贷资金的企业来说，融资成本将显著增加。美国的科技股尤为敏感，许多高科技公司依赖低成本的资金来扩展业务，随着利率的提高，这些企业的未来增长预期可能受到压制。特别是那些处于亏损状态的初创科技公司，它们的股价可能会出现更为剧烈的波动。

其次，加息还将直接影响全球资金流动。对于投资者来说，由于美国国债的收益率上升，全球资本可能流向美国，造成其他新兴市场和欧洲的资金流出。这可能会加剧全球股市的不稳定性，尤其是那些对美元汇率敏感的市场，如新兴市场的股市和债市，可能会受到更大的冲击。

再者，通货膨胀仍然是全球经济的一个主要挑战。尽管美联储加息是为了对抗通胀，但全球范围内的供应链问题和能源价格上涨，可能会使通胀难以在短期内得到有效控制。消费者的购买力下降可能进一步抑制经济增长。

从股市的角度看，加息的背后不仅是利率上升的直接影响，还有对企业利润的间接影响。企业的融资成本提高，可能会影响它们的扩张计划，导致盈利增速放缓。股市的表现也许不会立即反映这一变化，但从中长期来看，股市将经历一段调整期。

投资者在这个时刻要更加谨慎，尤其是在选择科技股和依赖融资扩张的企业时。对于那些具有强大现金流的企业，或许是一个更为稳妥的选择。

↪ 案例回放复盘

本案例展示了要获取有效的财经热点分析，建议提出具体的事件和多个角度分析的要求。通过聚焦于影响股市、汇市、政策等具体领域，DeepSeek 能够提供一个深入且多维的财经解析。避免泛泛而谈，而是要让 DeepSeek 明确问题的核心，聚焦最具影响力的因素，才能为用户提供精准的分析。获取有效的财经热点分析的提问技巧总结见表 5.3。

表 5.3 获取有效的财经热点分析的提问技巧总结

技 巧	具 体 方 法
明确事件	聚焦具体事件（如美联储加息、股市波动等），让 DeepSeek 深入分析
多维分析	要求从多个角度（如政策、市场反应、技术分析等）进行综合分析
风险提示	提出具体的风险提示（如可能的资金流动、市场波动等）帮助决策

5.2 头脑风暴神器：激发你的天马行空

创意的火花有时难以捉摸，而 DeepSeek 正是你最得力的头脑风暴伙伴。无论是短视频创意、品牌活动策划，还是小说设定，DeepSeek 都能根据不同主题和需求提供多个创意方案，助你突破思维局限，激发天马行空的灵感。本节将体验如何通过 DeepSeek 实现创意的无限扩展，让每一个构思都充满可能。

5.2.1 短视频创意：用 DeepSeek 帮助打造爆款短视频脚本

在短视频平台，创意和内容的精彩程度直接决定了视频的受欢迎程度。即便是一个简单的日常话题，如果通过巧妙的创意表现，也能迅速吸引大量观众的关注。然而，创作一个能够迅速引发讨论和转发的短视频，除了使用剪映等视频处理工具外，往往需要独特的创意和高效的脚本设计。如果能够用 DeepSeek 来协助生成创意脚本，将极大提升创作效率，并帮助你打破创作瓶颈。

▶ 编写提示词指令

大多数人在请求 DeepSeek 帮助创作短视频脚本时，往往只是给出一个概括性的主题。例如：

> ✘ 帮我写一个关于生活小窍门的短视频脚本。

这样的指令虽然有效，但生成的脚本内容可能过于常规，缺乏独特性和吸引力。为了获得更具创意和吸引力的内容，提问时应该更加具体，并且引导 AI 发挥创意。例如：

> ✔ 我想制作一个关于"如何在 10 秒内快速化妆"的短视频。请帮我设计一个创意脚本，突出时尚感和高效率，同时加入一些轻松幽默的元素。

通过这种方式，可以为 DeepSeek 提供更具体的创作方向，并给出风格、氛围以及创作要点，帮助 AI 理解你的期望，从而生成更具吸引力的脚本。

DeepSeek 深度思考

在思考短视频创意时，我的目标是首先理解视频的核心主题和目标观众。举例来说，如果目标是制作一则关于"快速化妆"的短视频，第一步是要明确它的核心价值：时间效率。在这一点上，脚本需要突出"速度"和"高效"。同时，化妆这个话题也可以结合当下流行的趋势，如简约风格的化妆技巧、流行产品等。如何让化妆过程看起来既快速又不失美感，是一个关键挑战。

接下来，我还要考虑到视频的节奏感，毕竟短视频时间有限，因此每一秒钟的内容都要精心设计。我要确保每一个镜头都快速精准，同时避免过于烦琐的步骤，以便让观众产生共鸣。脚本的幽默元素也是必不可少的，或许可以设置一个轻松的背景音乐，甚至插入一些误操作的幽默场面，比如化妆工具突然掉落，或化妆液喷出来等小意外，能够瞬间抓住观众的笑点。

从观众的角度来看，他们需要在最短的时间内理解内容和产生共鸣。针对这一点，短视频的结构需要清晰易懂，不拖沓。创意上，不仅要展示过程，还要通过巧妙的反转或结尾引发观众的点赞和分享欲望。

此外，短视频的开头需要有强烈的吸引力。一开始的几秒钟是用户决定是否继续观看的关键。我需要通过一个令人惊讶的开头，或者一个非常直接的"吸引眼球"的场景，让观众产生好奇心和观看欲望。

DeepSeek 回答

10 秒化妆，完美出门

【镜头一】

开头，镜头对准一个混乱的化妆台，眼影、口红、粉底散乱地放着。突然，镜头快速推进，切到主角焦急的面孔，她看着手机上的时间，显得非常慌张："啊！要迟到了！"

（背景音乐快速节奏，带有一些紧张感）

【镜头二】

快速切换到主角迅速拿起化妆刷，脸上露出自信的微笑："今天，我要在 10 秒钟内搞定我的妆容。"

（镜头从主角手持化妆刷的动作开始，快速剪辑，展示她的化妆技巧。每个动作都非常简洁，强调"快速"的概念。每个化妆步骤的时间计时，增强紧迫感。）

【镜头三】

主角刷上粉底后，不小心把化妆刷掉在地上。她轻松地笑了笑，拿起刷子："没关系，意外的幽默才更能展现个人魅力。"

【镜头四】

主角迅速完成最后一步——涂上口红，并对镜头笑道："10 秒化妆，完美出门！"

最后镜头拉远，主角穿好衣服，背上包包准备出门。画面定格在她自信的微笑上，配上字幕："10秒化妆，完美出门！"

（背景音乐轻松愉快，节奏感十足）

▶ 案例回放复盘

本案例展示了要获得有创意的短视频脚本，提问时应明确表达内容的核心主题、风格和情绪，并尽可能提供清晰的场景设定。给出具体的指引，能够让 DeepSeek 更好地理解你的需求，并帮助打破创作瓶颈，产出吸引观众的创意脚本。制作爆款短视频脚本的提问技巧总结见表 5.4。

表 5.4　制作爆款短视频脚本的提问技巧总结

技　　巧	具 体 方 法
明确主题	确定短视频的核心概念（如快速化妆），让 DeepSeek 聚焦重点
提供情绪和风格	说明你想要的氛围（轻松、幽默、紧张等），帮助 DeepSeek 调整短视频的情感基调
制定时间限制	设定明确的时间框架（如 10 秒内完成），增加紧张感，提升创意吸引力

5.2.2　品牌营销活动：用 DeepSeek 策划一场成功的品牌营销活动

在如今竞争激烈的市场环境中，如何让你的品牌脱颖而出，吸引消费者的目光，已成为品牌营销的核心课题。品牌营销活动不仅仅是一个广告投放或社交媒体推广，它需要围绕品牌的核心价值、目标受众的需求以及独特的创意展开，确保营销活动能够在众多品牌中脱颖而出并建立良好的印象。借助 DeepSeek 的帮助，能够更精确地理解市场趋势、消费者心理以及内容效果，帮助品牌制定更精准和更高效的营销策略。

▶ 编写提示词指令

品牌营销活动的成功往往取决于是否能够精准定位目标受众、突出品牌特色，并结合有效的传播渠道。许多人在制定品牌营销策略时，给出的提问通常过于简单。例如：

> ✖ 帮我策划一场品牌营销活动。

这可能导致生成的方案较为粗略，无法满足具体需求。为了让 DeepSeek 帮助制定一份更具针对性的品牌活动方案，提问时应明确目标受众、品牌特色、活动形式等要素。例如：

✔ 我想为一家年轻化的运动品牌策划一场社交媒体活动，目标是提升品牌在18~30岁人群中的知名度和参与度。希望活动能够结合用户互动和用户生成内容，并通过Instagram和TikTok等平台进行传播。

通过这种明确的提问，DeepSeek能够精准地理解你的目标和需求，从而帮助你制定更符合品牌和目标市场的营销活动方案。

DeepSeek 深度思考

在制定品牌营销活动时，首先要从品牌的定位和目标受众入手。例如，如果我正在为一家运动品牌策划营销活动，那么我要先确定品牌的核心价值是什么——可能是活力、健康、运动和自由等。同时，我需要分析目标群体的特征，比如年轻群体可能偏好活泼、有趣、互动感强的活动，也可能更倾向于短视频、UGC（User-Generated Content，用户生成内容）等形式，而高端品牌可能会更注重品质感和独特性。

我需要明确活动的目的，是为了提升品牌曝光、增加参与度，还是直接驱动销量。这将决定我在活动中如何设置互动环节、如何设计活动奖励（如优惠券、抽奖等），以及如何选择合适的传播渠道。例如，社交平台（如Instagram和TikTok）适合快速吸引年轻受众，而一场线下活动可能更多依赖于直接的产品体验与人际传播。

我还要特别注意活动的创意环节，确保活动的内容能够切合品牌的形象和受众的兴趣。例如，在为运动品牌策划一场挑战活动时，创意的核心要突出"挑战极限"或"展现自我"的主题，可以设置互动环节，如用户发布自己参与挑战的视频，并通过特定标签进行传播，这样不仅能吸引参与者，还能通过用户生成的内容扩大活动的传播效果。

最后，活动的可执行性也至关重要。我需要确保活动的各个环节都有清晰的执行方案，特别是活动开始和结束的时间节点、活动奖励的发放机制、数据收集与反馈的流程等，以确保活动能够顺利推进并最终达成预期目标。

DeepSeek 回答

跃动未来：运动品牌 X TikTok 挑战赛

目标：提高品牌在年轻人中的参与度和品牌认知度

活动形式：

1. 挑战赛发起

品牌推出一个名为"跃动未来"的TikTok挑战赛，要求参与者录制并分享自己完成某个创意运动挑战的视频，如1分钟跳绳、30秒快速跑步等。用户可以通过发布带有特定话题标签（如#跃动未来挑战）的视频来参与。

2. 创意和互动

用户可以通过视频展现自己的运动技能，并邀请朋友一起参加挑战，形成社交互动。活动的亮点是品牌提供限量版运动装备和积分奖励，参与者可以根据视频的创意性、运动难度以及社交互动量来赢得奖品。

3. 社交平台跨平台传播

通过品牌的 Instagram 和 TikTok 账号不断更新的挑战视频和参与者的精彩表现，增加用户之间的互动与竞争。此外，品牌会通过社交媒体广告定向投放，吸引更多年轻人参与挑战。

4. 品牌合作与代言人

邀请运动员或健康达人作为活动代言人，参与挑战并推广活动，增加活动的可信度和影响力。代言人会发布个人参与的挑战视频，同时在各自的社交平台上转发用户参与视频，提高活动的曝光度。

活动目标：

- 增加品牌在目标人群（18~30 岁）中的曝光度和互动参与。
- 通过 UGC 扩大品牌影响力。
- 提高品牌忠诚度，并为未来的营销活动积累用户数据和互动内容。

▶ **案例回放复盘**

DeepSeek 依据设定生成了一份营销活动策划，在为品牌营销活动设计提出有效请求时，要明确活动的核心目标、目标受众、活动形式和传播渠道等关键信息。详细的提问能够帮助 DeepSeek 理解你的需求，并为你提供一个精准且具有创意的营销方案。策划品牌营销活动的具体技巧总结见表 5.5。

表 5.5 策划品牌营销活动的具体技巧总结

技　　巧	具　体　方　法
明确品牌定位	明确营销活动的受众群体、目标客群等，如年轻化的运动品牌
设定活动目标	确定活动是为了提升曝光、增强互动还是驱动销量
创意设计	强调互动性、娱乐性及 UGC 的结合，确保活动有趣且具吸引力
选择传播渠道	根据目标受众选择合适的社交平台或线下渠道，增加活动的传播力度

5.2.3 电影剧本创作：构建一个被掩藏的外星社会

你是否曾想过，地球上的某些人类，甚至社会中的重要人物，其实并非人类？外星人隐藏在人类社会中的设定可以让故事充满无限张力与想象空间。无论是通过伪装、暗中操控，还是通过超凡的科技来保持隐匿，外星人隐藏在地球的设定不仅关乎科技，还涉及人性、社会结构的深刻探索。如何在不暴露外星人身份的情况下，构建一个让读者信服、充满悬疑的故事情节？这需要精准的情节设定和巧妙的提问策略。

▶ **编写提示词指令**

当创作者向 DeepSeek 提出关于外星人隐藏在地球的设定时,往往会遇到"简单指令导致内容过于笼统"的问题。例如:

> ✘ 写一个外星人隐藏在地球的剧本。

面对这种提问,DeepSeek 可能会生成一篇设定单一、情节不深入的文本。为了引导 DeepSeek 更好地生成符合预期的故事,需要提供更具深度的指令,明确情节的复杂性、外星人伪装的机制以及情感上的冲突。例如:

> ✔ 我想写一个剧本,讲述外星人隐藏在人类社会多年的故事情节。他们伪装成普通人,甚至有一些外星人已经成为社会的关键人物。主人公偶然发现了某些不寻常的迹象,比如他们从未生病,似乎不受时间影响,或者他们的行为中带有不合常理的冷静。整个故事应该充满悬疑,聚焦于主角逐渐揭开真相的心理变化,氛围紧张且令人不安。

通过这样的提问,DeepSeek 会理解你的需求——外星人不仅是隐藏的,而且是在社会的各个角落中深度渗透,并且故事情节要围绕主人公的心理变化展开。

DeepSeek 深度思考

首先,我意识到在构建外星人隐藏的世界时,必须避免一开始就暴露外星人的特殊性。这些外星人应该像普通人一样,生活在地球上,参与各种社会活动,甚至承担重要角色。关键在于外星人如何以无声无息的方式融入人类社会中,完全伪装成常人。他们可能拥有某种先进的伪装技术,甚至能通过基因编辑或转化技能改变自身的外貌和行为。

其次,外星人伪装的秘密需要通过细节逐渐暴露,而不是突然完全显现。例如,外星人可能无法感知人类的情感波动,或者他们的生理机能与常人不同,但这些异样要通过微妙的细节展开。可以是某些外星人身上的行为漏洞,比如说他们总是避开人类的"眼神接触",或是对某些情感表达感到困惑。

在此基础上,故事需要围绕主人公如何逐渐察觉这些不对劲的现象,并深入调查。从而让读者与主角一同进入这个被隐秘的外星社会。在情节推进上,要尽量避免过早揭示真相,而是通过不断累积的细节来制造悬念,增强心理上的不安感。

DeepSeek 回答

《伪装的星辰》剧本

艾琳站在公园的长椅上,眼前的景象如同每一个常规的早晨——阳光透过树叶洒下,路人匆匆走过,孩子们在广场上玩耍。然而,她的视线却停留在那位总是穿着灰色西装的男士身上。两天前,她无意间看到他在公交车上以一种不自然的速度翻动报纸;几天后,她又在某个餐厅发现他没有动一口食物,只是低头盯着盘子,完全没有像人类一样的进食反应。这些微妙的举动让她产生了怀疑，随之而来的是一连串让人毛骨悚然的细节。在昨夜，她又发现那位男士进入了邻近的地下停车场，离开时，他的步伐异常沉稳，眼神却异常空洞。而这一切都让她越发确信，他并非一个普通的人。

她悄悄地尾随那位男士，却发现他进入了市区一栋不起眼的高楼大厦。电梯门一关，整座城市似乎都变得寂静无声。艾琳站在电梯前，心跳加速，直觉告诉她——这栋楼里，一定隐藏着某个不可告人的秘密。

几天后，她再次出现在那栋大楼前，向着门口的监控设备走去。就在她靠近的瞬间，身后传来一声轻微的步伐声，她猛地转过头，面对的是那位男士冷漠的目光。

"你不该知道的。"他说道，声音平静却带着不容置疑的威胁。

这一次，艾琳没有回避，而是直视着那双冰冷的眼睛，"我必须知道。"

她听到了不再是人类声音的低语，意识到她所面对的，绝非普通人类。

▶ 案例回放复盘

本案例强调了在设计外星人隐藏设定时，如何通过细节逐步揭示真相，从而增强故事的悬疑性。通过对外星人微妙行为的精细描述，以及对主角的心理变化逐步推进的情节，形成了一个充满紧张氛围的故事框架。剧本创作内容的具体技巧总结见表 5.6。

表 5.6 剧本创作内容的具体技巧总结

技 巧	具 体 方 法
隐匿外星人身份	外星人伪装成普通人类，行为上尽量保持常规，细节中展现不自然的特征
悬疑推进	通过主角的细心观察和异常行为逐步揭示外星人身份，避免过早透露真相
氛围塑造	通过不安、渐进的心理变化和紧张的情节推进，增强悬疑氛围

5.3　DIY 与艺术表达：DeepSeek 带你获取巧思灵感

创意和艺术无时无刻不需要灵感的激发。DeepSeek 不仅能提供精准的创作建议，还能帮助你在 DIY、绘画、创作歌词等方面打破思维瓶颈。无论是个性化的手工制作、极富创意的插画灵感，还是富有情感的歌曲歌词，DeepSeek 都能为你提供多样化的创作方向和细节方案，让艺术表达更加自由流畅。

5.3.1 手工 DIY 项目：如何通过精确的提问创作独特的手工艺术品

你是否曾经尝试自己动手做一件独特的手工艺术品，却在创作过程中感到迷茫，不知道如何选择材料，或是无法把想法精准地转化为实际的作品？许多手工 DIY 爱好者在项目开始前可能会有许多模糊的创意，但最终的作品往往不如预期。如何才能在 DIY 创作中将想法和设计完美地结合呢？本案例将通过 DeepSeek 帮助你实现创意的具象化。

▶ 编写提示词指令

许多初学者在进行 DIY 项目向 DeepSeek 寻求帮助时，常常会给出非常宽泛或简单的指令，这样往往导致最终作品不符合预期。例如：

> ✘ 做一个夜灯。

这个提问虽然明确了项目类型，但缺乏更多细节，可能导致成品无法准确传达你的创意。为了帮助你制作一款个性化的夜灯，在提问时，需要更具体地说明你希望夜灯展现的风格、材料以及功能。例如：

> ✔ 我想做一个个性化的夜灯，外形像一个小型的月亮，表面有星星的图案，灯光是柔和的暖色调，适合放在床头。我要使用木材和纸质灯罩，木材的部分保持自然质感，纸质灯罩可以用透明的灯罩纸。

这个提问就比简单的"做一个夜灯"要清晰得多，它明确了夜灯的外形（月亮形状）、图案（星星）、光色（暖色调）和材料（木材和纸质灯罩）。通过这种具体的指令，DIY 过程可以更加有的放矢，确保最终的夜灯符合你的设计预期。

DeepSeek 深度思考

我需要为用户设计一款夜灯，要求它具备个性化的特点。首先，夜灯的外形要像月亮，这意味着它的设计需要有圆润的曲线和柔和的轮廓。月亮的形态代表着温柔与宁静，因此灯光的设计也要符合这一情感基调，采用暖色调的灯光能营造出舒适、温馨的氛围。

其次，表面装饰星星的图案会增加梦幻感。我需要确保这些星星的分布不会太过拥挤，而是要像夜空中的星星一样散落各处，避免过于密集从而让整体效果显得凌乱。这样的设计能够提升夜灯的艺术感，同时也增添了些许浪漫情怀。关于材料，木材部分的自然质感能带来温暖的触感，传达自然和纯粹的氛围。木材的纹理不应被过多遮掩，而是要保留它的自然感，这样能增加夜灯的独特性。纸质灯罩纸则要选择透明度高的材质，这样能够让灯光柔和地透过灯罩，避免刺眼的强光，从而达到理想的照明效果。

最后，这款夜灯不仅仅是装饰，它还需要有一定的实用性。我想要它成为床头的陪伴，既能提供柔和的光源，又能给房间增添一抹温馨的氛围。

> **DeepSeek 回答**
>
> **月光星辉夜灯**
>
> 制作思路：可以用细致的木工技巧雕刻出一个小巧的月亮形状，木材表面的纹理在刀尖下逐渐显现，质感自然而温暖。月亮的表面，点缀着散布的星星图案，采用了手工绘制的方式，星星不规则地分布，像夜空中的点点光辉。每一颗星星周围，都略微留有空隙，让它们显得既真实又梦幻。为了让夜灯的光源更加柔和，我建议选择一种透明度较高的灯罩纸，贴在月亮的背后。灯光透过纸质灯罩纸，发出温暖的光芒，整个房间充满了轻柔的金色光影。月亮的边缘也不再是硬朗的直线，而是带着一点弯曲的圆润感，这样的设计能让灯光更加柔和，既不会刺眼，又能为夜晚带来舒适的照明。这款夜灯放在床头时，散发着温暖的气息，仿佛月亮和星星在夜晚悄悄地陪伴。每当在夜晚入睡时，会有被暖黄的光线轻轻包围着的感觉，心情也会不自觉地变得宁静与放松。

▶ 案例回放复盘

本案例展示了如何通过具体化的提问，让 DIY 创作更加精确和有针对性。通过提供明确的设计要求，如形状、图案、材料和光色，能够帮助 DeepSeek 或任何 DIY 指导者更好理解创作者的意图，从而指导创作过程。利用 DeepSeek 设计手工作品的具体技巧总结见表 5.7。

表 5.7 利用 DeepSeek 设计手工作品的具体技巧总结

技 巧	具 体 方 法
具体化主题	明确项目的主题，如"月亮形状"，并细化情感要求（自然、温暖）
指定材料	选择特定材料，并说明为何选择它们，如使用木材和透明灯罩纸，保留原始质感
强调细节	选择具体的装饰元素，如"星星图案"，并定义其分布方式
确定创作风格	确定作品的风格，如自然的粗犷风格，并避免过度修饰

5.3.2 绘画创意灵感：如何融合不同风格，创造出个性画作

在绘画创作中，不同风格的融合不仅能够帮助艺术家打破固有的创作框架，还能开创出具有独特个性的视觉语言。风格融合是艺术创作中的一种独特手段，它可以将两种或多种看似截然不同的艺术语言巧妙结合，创造出全新的视觉体验。无论是将现实主义与抽象艺术结合，还是将古典绘画的细腻与现代插画的简洁风格融合，都能通过这种手法赋予作品独特的情感和表达方式。

例如，融合赛博朋克与中国传统水墨画的风格，便能带来一幅既具未来感又不失传统韵味的画作。在这种融合中，赛博朋克的冷色调、霓虹灯光、机械元素

与水墨画的流动性、空灵感形成强烈对比，创造出一个既现代又具有历史感的全新世界。通过不同风格的碰撞，作品往往能在视觉上给人带来冲击感，同时又富有深度与层次。

➡ 编写提示词指令

以创作一幅让赛博朋克风与东方元素的插画有机融合的画作为例，如果只是简单地提问，尤其是在没有清晰构思时，画面可能会产生冲突或不和谐。例如：

> ✘ 帮我画一幅赛博朋克风并且加入东方元素的插画。

这个提问虽然明确了需要用哪两种不同风格进行融合，但细节不够丰富，可能导致该插画无法准确传达本身想表达出的风格特点。为了得到更具创意且充满冲击力的作品，可以像以下这样调整提问方向。例如：

> ✔ 我想创作一幅融合赛博朋克与东方元素的插画，场景设定在未来的都市中，城市的高楼和霓虹灯与传统的东方建筑风格相结合。画面需要有一种科技感，同时呈现出东方的古老文化，比如通过人物服饰、神话生物、庙宇的元素来表达。风格应注重细节，色调以冷暖对比为主，尽可能展现出未来与传统的对话与冲突。

这个提问明确了画面的背景设定（未来都市、赛博朋克与东方建筑融合），并指定了具体的元素（人物服饰、神话生物、庙宇等），有助于避免创作中的方向迷失，让画作更具层次感。

DeepSeek 深度思考

我要创作一幅赛博朋克风与东方元素相结合的插画。首先，赛博朋克风格有强烈的未来感，这包括高科技的城市景观、霓虹灯光、飞行器、机器人等元素。这些元素可以通过现代的建筑、机械设计以及光影效果来体现。与此同时，东方元素如古老的庙宇、龙形雕塑、唐装、汉服等，也有着鲜明的历史文化特色。如何平衡这些元素，避免画面既"过于现代化"又"过于传统"，是我需要思考的问题。我可以考虑设定画面场景为一座未来都市，在其中加入古代东方的建筑风格，比如通过庙宇的屋檐、飞檐翘角等建筑特征来实现传统与现代的融合。人物上，赛博朋克的高科技装备与东方传统服饰相结合，如汉服和现代科技眼镜的混搭，或是赛博增强的神话生物（如赛博龙）出现在场景中。在色调方面，赛博朋克的霓虹光辉和冷色调（如蓝紫、粉红）可以和东方传统的暖色调（如红、金）形成对比，突出未来与传统的冲突与对话。光影的处理可以通过高科技的光源和古老的庙宇灯笼、火焰等对比来增强视觉冲击力。

DeepSeek 回答

赛博东方

创作思路：在这座未来都市的繁忙街头，霓虹灯闪烁，钢铁高楼如森林般耸立。电动飞行器呼啸而过，街头行人身穿着赛博朋克风的服饰，配有光辉的电子眼镜、机械臂和反射光的皮衣。画面右下角建有一个古老的寺庙，可以看到一座保存完好的中式建筑，红灯笼高悬，空气中弥漫着淡淡的香火气息。庙前，一只身披金属鳞片的巨大赛博龙盘旋在空中，尾巴带起一阵霓虹光辉，仿佛将这座古老的建筑与未来科技无缝连接。庙宇的檐上，装饰着数字化的龙凤纹路，它们发出蓝紫色的光辉，与周围古老的红墙、黄瓦形成鲜明对比。在庙宇的广场上，几位穿着未来感十足的汉服的年轻人正在拜祭，他们的衣服上有着精致的光线条和细致的电子刺绣，流动的布料与精密的科技装备相得益彰。远处的霓虹灯光与古老的钟楼相映成趣，象征着科技与传统的碰撞与融合。

▶ 案例回放复盘

本案例展示了如何通过明确的创作方向和设定，找到赛博朋克与东方元素的融合点。通过细化场景设定、元素选择、色调搭配等方面，可以确保创作不偏离主题，同时展现出两者的独特魅力。提供绘画思路的具体技巧总结见表 5.8。

表 5.8 提供绘画思路的具体技巧总结

技 巧	具 体 方 法
风格对比融合	将两种或多种风格在画面中进行对比融合，通过冲突与协调产生独特的视觉效果，如利用不同的光线、色彩、形状等，创造强烈的视觉冲击力
细节与氛围的配合	在细节上进行风格的巧妙融合，如通过冷暖色调的对比，传达不同的情感和氛围
跨越时空的表现	通过结合现代与传统、未来与过去的元素，创造出超越时间的艺术表现
强调情感表现	通过风格的对比来突出作品的情感，如现代感的清新与复古风的沉稳相融合

5.3.3 个性化歌曲创作：如何打造独特的歌词与押韵方案

在创作个性化的歌曲时，歌词的独特性与表达的情感是至关重要的。个性化的歌词能够展示个人的经历、情感、思想或独特视角。你可以从日常生活、内心感受、特定经历中汲取灵感，再结合你的风格来进行表达。在这个过程中，歌词的结构、押韵和节奏同样影响着歌曲的感染力。通过合适的押韵方式，歌词将更加流畅，从而增强听众的记忆点。

▶ 编写提示词指令

如果只是简单地提问，没有其他额外限制，生成的歌词可能会天马行空，脱离现实。例如：

> ✘ 帮忙创作一首歌词个性化的歌。

这个提问则过于宽泛，没有明确限定主题或情感，而是更多地强调歌词的个性化和独特性，可能涉及任何主题。如果想写出一首个性化的歌曲，首先需要明确歌曲的核心主题，如爱情、生活中的挑战、个人成长等。接着，通过选择独特的表达方式，让歌词充分展现个人特色。例如：

> ✔ 我想创作一首关于成长与自我发现的歌，要表达面对困难依然坚持的情感。歌词要有层次感，前半部分要表现挣扎与迷茫，后半部分逐渐转向希望与力量。

这样的提问能够帮助 DeepSeek 把握歌词的情感递进，同时为押韵的设计提供框架，使歌曲的结构更加完整、流畅。

DeepSeek 深度思考

当我思考如何为这首歌创作个性化歌词时，首先确定了主题：成长与自我发现。成长的过程总是充满了挑战与挣扎，我希望通过歌词传递出这种情感。从歌词的结构上看，我想要分成两个部分，前半部分表达挣扎与迷茫，后半部分则要表现出突破与希望。

前半部分我决定用一些反问和迷茫的词汇，如"我是否走错了路？""何时才能见到光？"等，这些问题能够体现出主角的困惑和不安。后半部分则逐渐转向一种积极的力量，我想要通过一些自然的比喻来表达，如"像风一样自由""阳光终于透过云层"等。

在押韵的设计上，我选择了 ABAB 的押韵方式。这样能够让歌词在结构上有规律性，但又不显得太过刻意。每一段的最后两句押韵，能让歌词更加流畅并增强音乐感。而为了增加歌曲的个性，我加入了一些独特的比喻和修辞手法，如"迷雾中摸索""星空下的孤单"等，来展现主人公的内心挣扎。

DeepSeek 回答

光明在前

（Verse 1）
我在迷雾中摸索，找不到前路，
每一步都像是在原地踏步。
那些日子像是没有尽头的夜，
我是否走错了路，何时才能见到光？

（Chorus）
但我知道，光明就在前方，
即使路远，我也不会彷徨。
每次跌倒都让我更坚强，

这份信念是我不变的希望。

（Verse 2）

我的脚步渐渐轻盈，心跳也渐渐坚定，

不再害怕未知的风景。

阳光终于透过了云层，

我看到远方那道光，照亮了我心中的梦。

（Chorus）

我知道，光明就在前方，

即使路远，我也不会彷徨。

每次跌倒都让我更坚强，

这份信念是我不变的希望。

（Bridge）

如风一样自由，飞翔在天际，

放下所有不安，追逐我的梦，

星空下，我不再孤单，

这就是我，燃烧的信念。

案例回放复盘

本案例展示了在创作个性化歌曲时，重要的是清晰地把握主题，利用独特的比喻和表达方式展现个人特色。情感的递进可以通过押韵的设计来增强歌词的连贯性和节奏感，同时通过创新的修辞手法，给歌词增添个性和深度。歌词创作的具体技巧总结见表 5.9。

表 5.9 歌词创作的具体技巧总结

技 巧	具 体 方 法
情感递进	让歌词在前后段落中有情绪的递进，逐渐发展，从困惑到希望，从挣扎到成长
押韵结构	采用简单却有效的押韵方式（如 ABAB）来增强歌词的韵律感和流畅度
独特的比喻	运用有创意的比喻，如"迷雾中摸索""阳光透过云层"等，突出情感表达
具象化表达	通过具象的描绘，如"星空下，我不再孤单"来让歌词更具画面感

5.4 章节回顾

在本章中，DeepSeek 被应用于创意产业，帮助用户迅速产生并执行创意。无论是自媒体文案写作、激发创意，还是构思艺术作品，DeepSeek 都能够在创作过程中提供强大的支持。本章的核心目标是让创意变得轻松高效，利用 DeepSeek 解锁更多灵感并提高生产力。

DeepSeek 在自媒体创作中的应用展现了其强大的创意支持能力。从文案生成、短视频创意到艺术创作，DeepSeek 都能在关键时刻提供帮助，打破创作瓶颈，激发无限可能。无论是自媒体写作、短视频创作还是艺术设计，DeepSeek 都能提供极大的助力。建议你亲自尝试利用 DeepSeek 来创作一个短视频脚本，或者为当前项目生成几个创意点子。让 DeepSeek 帮你构思，享受创作的过程，感受它带来的独特灵感和新奇体验。

▶ 读书笔记

第 6 章　不再为英语头疼：轻松解决你的英语难题

> 写英语邮件卡壳？四六级作文不知道怎么下笔？担心自己的英语表达过于"中式"？DeepSeek 可以帮你轻松解决这些问题，让英语表达更加地道、流畅。本章将带你体验 DeepSeek 在英语学习中的强大功能，无论是语法纠正、词汇优化，还是翻译润色，它都能快速搞定。更重要的是，DeepSeek 是备考四六级、雅思、托福的得力助手，提供写作模板和学习建议，甚至还能进行口语模拟对话练习。让 DeepSeek 成为你的私人英语助教，助你在职场、考试、日常交流中都能自信表达。

6.1 斩断"中式英语"：地道表达从此不难

在学习英语的过程中，避免"中式英语"的困扰是很多人面临的挑战。DeepSeek 可以帮助你在邮件撰写、口语练习、社交媒体发文等日常英语表达中进行修正和优化，让你的英语更加地道、自然。不论是正式的商务交流，还是与外国朋友的日常互动，DeepSeek 都会为你提供精准的语法、用词和表达方式的优化，帮助你摆脱"中式英语"，让你的英语表达流畅自如。

6.1.1 修正商务英语邮件用语：如何用 DeepSeek 提高邮件沟通的专业性

在职场中，邮件作为一种正式的书面沟通方式，其表达效果直接影响着沟通效率和专业形象。据统计，职场人士平均每天花费 2.5 小时处理邮件，其中约 30% 的时间用于修改和优化邮件内容。尽管大多数专业人士都具备基本的语言能力，但在实际写作中仍常面临诸多挑战：文化差异导致的用语失当、逻辑结构不清造成的理解障碍、语气把握不当引发的误解等。这些问题不仅影响沟通效率，更可能损害商业关系。DeepSeek 的语言优化功能可以轻松解决这些问题。通过智能分析文本结构、优化措辞表达、调整语气语调，帮助用户打造出逻辑清晰、用语得体、重点突出的高质量邮件，从而显著提升沟通效果和职业形象。

➡ 编写提示词指令

当提示词过于模糊，缺乏足够的背景信息和明确需求时，会导致 DeepSeek 的修改效果不尽如人意。例如：

> ✘ 帮我修改邮件。

该提示词信息量极低，缺乏明确的需求说明。没有足够的指引，DeepSeek 可能无法提供针对性的优化。修改后的邮件可能会偏离用户的预期。要让 DeepSeek 有效修正邮件用语，关键在于提出明确、具体的优化目标。例如：

> ✔ 我有一封商务邮件，收件人是我的合作伙伴。我想让邮件语气更正式、清晰，特别是在结尾部分希望避免过于直接的表达。请帮我改进邮件内容。

这个指令明确了邮件的受众（合作伙伴）、目标（正式、清晰）以及具体的优化需求（结尾部分的语气）。DeepSeek 可以根据这些要求进行针对性修改，确保邮件更加符合专业标准，提升邮件的效果。

DeepSeek 深度思考

当我收到修正商务邮件的请求时，我首先要理解邮件的目的和收件人的身份。这是因为，针对不同的受众（如客户、同事、上级等），邮件的语气和措辞会有所不同。例如，向上级汇报工作时，我会使用更正式的语言，避免使用过于口语化或轻松的表达；而与合作伙伴的邮件可能在正式度上稍微放松一些，但仍需保持专业和清晰。

其次，我会考虑邮件的结构和逻辑是否清晰。在商务邮件中，表达要简洁、清晰，避免绕圈子。尤其在请求、反馈或者确认信息时，邮件的语言要直截了当，并且避免使用模糊的词汇。

再者，我会特别注意语气问题。商业邮件不应太过直接或粗鲁，但也不能太过谦虚或模糊。通常情况下，我会使用一些委婉但不失明确的措辞，如 Could you please…、I would appreciate if…等，以保证邮件语气既礼貌又专业。

最后，我会确保语法和拼写的准确性。在商务场合，语法错误或拼写错误可能会损害专业形象。因此，在修改邮件时，不仅要注意表达上的流畅度，还要关注每个细节，确保邮件没有任何低级错误。

DeepSeek 回答

假设你给我发来了如下邮件草稿：

Hi John,

I hope you are doing well. I just wanted to follow up on the proposal I sent you last week. Can you let me know when you'll be able to review it and give me your feedback?

Thanks a lot.
Best regards,
Jane

我会根据目标邮件的改进方向,将这封邮件修改得更加正式、简洁且礼貌:

修改后的邮件:

"Dear John,

I trust this message finds you well. I am writing to follow up on the proposal I sent last week. Could you kindly let me know when you will be able to review it and provide your feedback? I greatly appreciate your time and consideration on this matter.

Thank you in advance.

Best regards,

Jane"

▶ 案例回放复盘

通过准确、清晰地描述修改目标,DeepSeek 能够提供针对性强的邮件用语修正建议。在提问时,明确语气、内容简化和礼貌性要求是关键。这样 DeepSeek 能够在优化商务英语邮件时,考虑到各个细节,确保邮件更加专业、清晰,并且符合不同场景的需求。修正商务英语邮件用语的提问技巧总结见表 6.1。

表 6.1 修正商务英语邮件用语的提问技巧总结

技 巧	具 体 方 法
明确邮件目的	提出邮件的主要目标(如请求、跟进、反馈等)
确定邮件受众	确定邮件的收件人身份,调整语气和用词,适应不同的商务场合
请求具体反馈	在提问中指出希望 DeepSeek 优化的具体部分,如语气、结构、清晰度等
语法和拼写准确	利用 DeepSeek 进行自动检查和修正,确保邮件中没有语法和拼写错误

6.1.2 语言学习辅助和词汇扩展:如何用 DeepSeek 提升英语词汇量

在学习一门语言时,词汇的积累是至关重要的。研究表明,掌握 8000 个词族(word family)是理解 98% 日常英语文本的门槛,而要实现精准表达则需要更丰富的词汇储备。然而,传统的词汇学习方法存在显著局限性:机械记忆的单词遗忘率高达 70%,且学习者往往难以将孤立记忆的词汇转化为实际应用能力。DeepSeek 在这方面为学习者提供了巨大的帮助,特别是在语言学习辅助和词汇扩展方面。通过 DeepSeek 辅助的词汇学习,学习者不仅能够以传统方法 3~5 倍的速度扩展词汇量，更重要的是能够实现高达 90% 的词汇应用转化率。这种智能化的学习方式正在重塑语言学习的范式，使词汇积累从枯燥的记忆任务转变为高效的认知建构过程。

➦ 编写提示词指令

用户在提出需求时若表达过于宽泛没有具体指向性，则无法指导 DeepSeek 精确地给出有针对性的学习建议。例如：

> ✘ 我想学一些英语单词。

针对该项指令 DeepSeek 可能会提供一大堆词汇，但对于学习者来说，这些词汇并不会立即应用到实际情境中，需要给出更加具体的指令。例如：

> ✔ 请帮我学习"effective"这个单词，给出它的意思、常见用法以及几个实际生活中的例句。

对于这种指令，DeepSeek 不仅能够提供"effective"这个单词的解释，还能通过具体例句展示这个单词在实际交流中的使用场景，帮助学习者在不同情境中灵活运用该单词。

DeepSeek 深度思考

当我面对词汇扩展的需求时，我会首先从学习者的角度考虑他们真正需要的是什么。扩展词汇不仅仅是单纯地记忆新单词，而是要在实际的交流和使用中，灵活、准确地运用这些词汇。这要求我不仅仅提供单词的定义，更要提供与单词相关的使用场景、语法结构、同义词与反义词等，帮助学习者在多种情境下理解并运用新词汇。

首先，我意识到词汇学习需要语境。语言是有生命的，单个词汇的意义会因其所处的语境而有所变化。因此，单独记住一个单词的意思是远远不够的。我必须通过实例例句来呈现这个单词在不同语境中的运用方式。这能帮助学习者将词汇和实际情况结合起来，使记忆变得更加生动且有意义。

其次，我考虑到学习者的学习目标。不同的学习者有不同的需求。有的学习者可能专注于学术写作或商务交流，而有的学习者则可能更关注日常对话或旅行英语。因此，为了更有效地扩展词汇，我必须根据学习者的目标来推荐相关的词汇，并提供相应的学习材料和练习。例如，如果是商务英语学习者，那么关于"negotiation"（谈判）的词汇及其应用场景就非常关键；而如果是日常英语学习者，像"coffee shop"或"shopping"这样常见的生活词汇就更合适。

除了单词的定义和用法，词汇学习还需要关联性。学习一个单词时，学习者不应仅仅停留在它的意思上，而应该了解它与其他词汇的关系。例如，了解"effective"这个单词时，不仅要知道它的含义，还要学习它的同义词（如"efficient"），以及反义词（如"ineffective"）。这样的学习方式能帮助学习者在交流中更灵活地选择合适的词汇。

最后，我思考到词汇扩展还需要在一定的学习周期内逐渐深化。刚开始时，学习者可能只需要学习最基础的词汇，而随着学习的深入，越来越多的词汇将会出现在他们的学习清单中。AI应当根据学习者的进度和反馈，灵活调整词汇的难度和广度，逐步推进，避免一开始就给学习者过多的压力，进而使学习过程更加平滑且高效。

> **DeepSeek 回答**
>
> 学习"Effective"单词
> "Effective"这个单词在英语中常常用来描述某事物是有效的、达到预期效果的。
> 常见用法：
> effective strategy：有效的策略，通常用于商业或管理中。
> effective communication：有效的沟通，指能够清晰、精准地传达信息。
> effective measure：有效的措施，指为解决问题而采取的行动。
> 例句：
> "The new marketing plan was effective in increasing sales."
> "We need to find a more effective way to communicate with our clients."
> "The company implemented several effective measures to reduce costs."
> 同义词：
> efficient, successful, powerful
> 反义词：
> ineffective, inefficient, unproductive

➦ 案例回放复盘

通过这样具体的词汇学习方法，学习者不仅能够理解"effective"的基本含义，还能在不同的情境中灵活地应用它。DeepSeek可以根据学习者的学习进度，提供与该词相关的进一步练习和应用。词汇扩展的提问具体技巧总结见表6.2。

表6.2　词汇扩展的提问技巧总结

技　　巧	具　体　方　法
具体化学习需求	提出具体的学习目标，如"商务英语"或"日常对话"等
提供应用场景	要求DeepSeek提供具体例句和情境，以帮助理解词汇的使用方法
利用跨领域推荐扩展词汇	请求DeepSeek提供相关领域或跨领域的词汇推荐，帮助词汇多样化

6.1.3 社交媒体英文发贴：如何写出吸引关注的社交媒体内容

在如今的数字时代，社交媒体已经成为日常交流和获取信息的主要渠道之一。无论是为自己的个人品牌做宣传，还是为公司产品撰写营销文案，如何撰写能够吸引关注的社交媒体内容，始终是一个至关重要的问题。然而，许多人常常发现他们的帖子被淹没在无数内容中，缺乏吸引力。那么，如何才能写出既具吸引力又具互动性的社交媒体内容呢？本案例将展示如何通过优化提问，引导 DeepSeek 生成更具吸引力的社交媒体英文发帖。

➲ 编写提示词指令

大多数社交媒体用户和品牌在创作内容时，可能会简单地给出类似这样的指令。例如：

> ✗ 请用英语写一篇关于夏天的文章。

这样简单的指令可能会导致 DeepSeek 生成的内容过于普通，无法打动观众。如果想要发布一条有吸引力的社交媒体帖子，尤其是能够引发互动和情感共鸣的内容，关键在于明确目标受众、发帖目的以及希望达到的情感氛围。例如：

> ✓ 请写一篇关于夏天的有趣的引人入胜的 Instagram 帖子。帖子内容应该是乐观和充满活力的，适合年轻读者。包括号召性用语，询问读者最喜欢的夏季活动，并鼓励他们在评论中分享他们的经验。

这种指令比单纯的"夏天"更具目标性，不仅明确了帖子的语气和受众，还增加了互动性要求，能让 DeepSeek 更容易生成符合预期的高质量内容。

DeepSeek 深度思考

我需要首先通过生动的描述带出夏天的美好与轻松感，如阳光、海滩、旅行等元素。其次，内容的语气必须充满能量，要有让读者感受到愉快和活力的节奏。然后，我要确保帖子能够鼓励读者参与互动。为此，我会添加一个呼吁行动的部分，如 "What's your favorite summer activity?" 这个问题既简单又直接，能够激发评论区的互动。通过这样的设置，读者不仅会停留在帖子上，还可能积极参与，进而提升帖子的曝光度。

DeepSeek 回答

Summer vibes are here! ☀ The sun is shining, the days are longer, and the adventures are endless. From beach days to road trips, summer is all about fun, relaxation, and making memories! 🌴 What's your favorite summer activity? Whether it's soaking up the sun or exploring new places, drop a comment below and share your summer moments with us! Let's spread those positive vibes! 😎 #SummerFun #SunshineVibes #TravelGoals #SummerActivities #GoodVibesOnly

> 📌 **案例回放复盘**

通过这个案例,我们看到,在撰写社交媒体内容时,明确的提问能够大大提高生成内容的质量。精准的需求描述、目标受众的设定以及互动性的加入,能够让 DeepSeek 更好地理解并生成符合要求的内容,进而提高社交媒体帖子的吸引力和参与度。社交媒体英文发帖的提问技巧总结见表 6.3。

表 6.3 社交媒体英文发帖的提问技巧总结

技 巧	具 体 方 法
目标明确	明确社交媒体内容的主题、语气和目标受众,避免模糊的提问
增强互动	在内容中加入呼吁行动的互动问题,鼓励读者参与评论或分享
语言活力	采用生动、充满活力的语言,使用表情符号等元素增强情感共鸣

6.2 考试场景:四六级、考研、雅思/托福的 DeepSeek 辅助

备战英语考试时,DeepSeek 能够成为你得力的助手。无论是四六级、雅思、托福,还是考研英语,DeepSeek 不仅能够批改作文、提升语法准确性,还能帮助你快速提炼阅读理解的关键信息,甚至模拟口语练习,提供个性化的反馈与改进建议。本节将展示如何利用 DeepSeek 提升你的英语考试成绩,轻松突破英语难关。

6.2.1 作文批改:如何利用 DeepSeek 改正英语作文中的语法错误并提升用词准确性

很多考生在英语写作过程中常常感到困惑,尤其在修改自己的英语作文时,容易忽视一些细节问题。无论是在句子结构、时态使用,还是词汇选择上,细小的错误都可能影响英语作文的整体质量。当你试图用 DeepSeek 来帮助修改时,如何确保 DeepSeek 提供的建议能真正帮助你提升英语作文的质量?本案例将展示如何通过精准提问,引导 DeepSeek 对英语作文进行有效的批改,提升语法准确性和用词精准度。

▸ 编写提示词指令

许多考生在使用 DeepSeek 进行英语作文的修改时，只会提出简单的请求。例如：

> ✘ 帮我检查这篇作文的语法错误。

虽然这种请求可以让 DeepSeek 开始批改，但它过于笼统，可能导致 DeepSeek 提供的建议不够具体和深入。要让 DeepSeek 更有针对性地批改，可以明确指出需要重点检查的方面。例如：

> ✔ 请检查这篇作文的时态使用是否一致，特别注意主谓一致的错误。同时，帮我改正一些用词不当的地方，确保词汇表达更加准确和高级。

这种提问方式有助于明确批改的重点，让 DeepSeek 更好地识别作文中的问题，进而提出针对性的改进建议。

DeepSeek 深度思考

我需要对这篇雅思作文进行批改，目标是使其语法更加准确，用词更加精准。首先，我会注意时态的一致性。在雅思写作中，时态的使用至关重要，错误的时态往往会导致句子逻辑不清或者意思模糊。因此，我要检查每一个动词的时态是否合适，是否与句子的时间背景一致。

接下来，我会特别关注主谓一致的问题。在雅思作文中，主谓不一致的错误较为常见，尤其是在较长的句子中。例如，复合句中的主句和从句的主谓关系容易出现错配。因此，我需要逐句检查，确保主语和谓语动词在数量和人称上完全一致。

另外，词汇使用是雅思写作评分的关键因素之一。考生常常使用简单或重复的词汇，缺乏变化。我会通过替换一些常见的词汇，如"good"替换为"beneficial"或"positive"，让语言表达更加丰富和精准。为了提高作文的正式感，我还会考虑替换一些过于口语化的词汇，使用更学术性的表达。

最后，我还会关注句子结构，确保每一个句子都有清晰的主旨，并且不同的句子之间衔接流畅，逻辑清晰。

DeepSeek 回答

原文：

In today's world, technology has brought a lot of benefits to human life. For instance, communication has become easier with social media. People can connect with others from different countries within seconds. Additionally, online shopping has made life more convenient. However, there are also drawbacks. For example, many people become addicted to their phones and spend less time with their families. In the future, technology will continue to grow, and we must find a balance.

修改后的作文：

In today's fast-paced world, technology has significantly transformed our daily lives, bringing both remarkable advantages and some notable challenges. One of the key benefits is the way social media has revolutionized communication. Platforms such as WhatsApp and Facebook allow people to instantly connect with others across the globe, breaking down geographical barriers and fostering global communication. Moreover, the rise of online shopping has made our lives much more convenient, enabling us to purchase goods at the click of a button, without leaving our homes.

However, while these advances offer significant improvements, there are also some drawbacks to consider. One such issue is the growing addiction to mobile devices. Many individuals find themselves spending excessive time on their phones, leading to a decrease in face-to-face interactions and less quality time spent with family members. As technology continues to evolve in the future, it is imperative that we strike a balance between the benefits it offers and the potential negative effects it may bring, ensuring that it enhances rather than hinders our overall well-being.

在修改后的作文中，不仅对语法和拼写错误进行了修正，还对作文的结构、论证深度和语言表达进行了优化，从而使作文更加清晰、有力且具有说服力。

（1）结构改进：通过优化句子结构，使文章更加流畅和有条理，增强了段落之间的过渡性。

（2）具体例子：在讲述"social media"对沟通的影响时，加入了具体的社交平台（如WhatsApp 和 Facebook），使论点更加具象。

（3）语言精简：简化了一些重复和冗长的表达，如将"a lot of benefits"修改为"significantly transformed"更加精炼。

▸ 案例回放复盘

本案例展示了如何通过精准的提问引导 DeepSeek 完成有效的作文批改。为了让 DeepSeek 提供更有针对性的批改建议，建议明确指出需要检查的方面，尤其是时态、主谓一致和词汇精准度。同时，可以通过请求 DeepSeek 使用更正式或高级的词汇，提升作文的语言质量。利用 DeepSeek 修改英语作文的具体技巧总结见表6.4。

表 6.4 利用 DeepSeek 修改英语作文的具体技巧总结

技　　巧	具 体 方 法
提供具体方向	明确要求检查语法、时态、词汇的准确性
强调时态一致性	提醒 DeepSeek 检查作文中的时态使用是否一致
优化词汇表达	使用更学术性和正式的词汇，提升作文的层次感

6.2.2 阅读理解提炼：如何利用 DeepSeek 高效提炼文章主旨和关键信息

在进行阅读理解时，许多考生面临着大量信息的困扰，特别是当文章内容庞杂时，很容易忽略重要细节或无法提炼出核心观点。在雅思阅读考试中，如何快速抓住文章的主旨，找出每段的关键信息并进行提炼，是提高阅读效率的关键。DeepSeek 在这方面能够帮助我们进行高效的信息提炼，辅助理解长篇文章。通过精准地提问和引导，DeepSeek 能够提取出文章中最重要的内容，并且可以快速总结文章的主要观点。接下来，将展示如何通过合适的提问，利用 DeepSeek 高效提炼阅读理解文章中的关键要素。

➜ 编写提示词指令

许多考生在向 DeepSeek 寻求帮助时，可能会采用直白、简洁的表达。例如：

> ✘ 帮我总结一下这篇文章的内容。

然而，这样的指令过于模糊，DeepSeek 的回答可能也会泛泛而谈，缺乏重点。如果想让 DeepSeek 更高效地提炼信息，最好明确告诉它希望关注的方面。例如：

> ✔ 请帮我提炼这篇文章的主旨和每一段的核心观点，尤其是对于人与自然关系减弱的看法和提出的解决方案。

这种指令不仅能引导 DeepSeek 聚焦文章的主题，还能帮助你更有针对性地提取出与考试相关的关键信息。

DeepSeek 深度思考

好的，我需要帮助用户提炼一篇文章的主旨及每段的关键信息。特别是关于人与自然关系减弱的看法和提出的解决方案。首先，我要仔细阅读用户提供的英文原文，确保理解每个段落的内容。用户的需求不仅仅是表面的总结，而是深入理解作者的观点和结构，特别是解决方案部分。

接下来，我需要对每一段进行详细分析，识别其中的关键信息。文章开头提到人类与自然的联系减弱对经济有利但对人有害，接着举了 2020 年的临界点例子，人造材料超过地球生物总量。后面讨论了文化中自然元素的减少，如歌曲中的自然词汇减少，孩子们认识游戏角色多于野生动物。然后提出解决方案，如立法允许公共空间变为花园，并举例历史上的种植传统，最后强调公共花园的多重好处。

需要注意用户特别提到对人与自然关系减弱的看法和解决方案，所以这部分要重点提炼。可能用户需要这些信息用于写论文、报告或备考，所以需要结构清晰、观点明确。同时要注意术语的准确性，如"社会疗愈方案""生产关系的具象化呈现"等，确保翻译和概念正确。

最后，检查是否有遗漏的重要点，确保每个段落的逻辑关系明确，主旨突出，解决方案部分详细列出。这样用户才能清楚看到文章的结构和作者的论证过程。

DeepSeek 回答

阅读理解文章：

The weakening of the human connection to nature might be good for economic growth but is bad for people. A tipping point was reached in 2020 when human-made materials — such as steel, concrete and plastic — were found to weigh more than all life on Earth. Continuing to grow concrete forests rather than real ones is shortsighted. Simply being in the nearest wood has such health benefits that the Woodland Trust successfully lobbied for it to be prescribed by doctors.

Yet slipping from popular culture is the wonder and beauty of the natural world. For every three nature-related words in hit songs of the 1950s, researchers found, there was only slightly more than one 50 years later. It is not a moment too soon that teenagers will be able to take a natural history test, given that for decades children have been able to name more video game characters than wildlife species.

Part of remedying this social disease would be for parliament to pass a "right to grow" law, allowing anyone to turn underused public spaces into vegetable and fruit gardens. The idea is for people to get back in touch with the soil — while producing food sustainably.

Vegetable planting has a respectable tradition. In April 1649, locals responded to high prices and food shortages by cultivating vegetables on common land in Southern England. The practice of throwing seed bombs to turn vacant plots of land green took off in 1970s New York, and has been revived（使复活）by green-thumbed（有园艺才能的）social media influencers who defy local U.S. regulations in a war on ugly spots in cities.

Apart from the urgent task of providing more healthy nutrients to those who increasingly can't afford them, publicly accessible fruit and vegetable gardens connect what we eat to where it comes from — the means of production, if you will. They can make unlovely spaces lovely, and marry use and beauty as well as help promote a sense of community. Plants are also, of course, our first defence against species loss and climate change. Such planting is a small step for humanity — in the right direction.

主旨提炼：

本文深刻揭示了人类与自然关系疏离化的危机，批判以牺牲生态环境为代价的经济发展模式，提出通过重建土地联结（尤以都市农耕为切入点）实现社会疗愈的解决方案。核心论点可概括为："自然疏离症"已演变为威胁人类文明存续的复合型社会疾病，唯有重拾生产性绿色实践，方能重构生态认知、美学感知与社会凝聚力三位一体的健康生态。

段落核心观点解析：

第一段讲述人类与自然疏离的现象和危害。核心问题有三个，经济与生态的对立：人类与自然纽带的弱化虽促进经济增长，却损害人类福祉。临界点警示：2020年人造材料（钢铁、混凝土、塑料等）总重量首次超过地球生物总量，标志生态失衡的转折点。短视发展批判：以"混凝土森林"取代自然生态是目光短浅的行为。

第二段讲述文化中的生态断层，20世纪50年代热门歌曲中每3个自然相关词汇，50年后仅剩略多于1个。儿童对电子游戏角色的熟悉度远超野生动物物种，暴露生态教育缺失。

第三段提出法律解决方案，法案允许将闲置公共空间改造为蔬果花园，重建人与土地的联结。通过可持续耕作对抗消费主义异化，实现"生产性治愈"。

第四段描述农耕实践的历史基因与现代革新，17世纪英国：民众通过公共土地种植应对粮价危机，体现"自主生态实践"。20世纪纽约："种子炸弹"运动以游击园艺对抗城市荒芜，复兴土地美学。数字时代创新：社交媒体园艺达人突破法规限制，将"城市伤疤"转化为绿色艺术空间。

第五段讲公共菜园的多方面价值，公共菜园在经济、认知、美学、社会、生态多维度上都很有价值。提出的解决方案包括立法、重建联系、历史实践和多重效益。

对"人与自然关系减弱"的核心批判：

发展悖论：经济指标凌驾生态价值，导致"人造物总量＞自然生命"的荒诞现实。

文化失忆：自然意象从流行文化中消退，削弱代际生态记忆传承。

认知危机：虚拟世界挤压真实自然认知，新一代陷入"电子角色＞野生动物"的认知错位。

▶ **案例回放复盘**

本案例展示了如何通过精准提问引导 DeepSeek 高效提炼文章的主旨和关键信息。在提问时，明确指出希望提炼的部分，如主旨、每段的核心观点，甚至作者的立场和观点，会让 DeepSeek 更加聚焦并给出更有针对性的回答。阅读理解提炼的提问技巧总结见表 6.5。

表 6.5 阅读理解提炼的提问技巧总结

技　　巧	具　体　方　法
提供具体方向	提醒 DeepSeek 聚焦于文章的主旨和每段的核心内容
聚焦作者观点	要求 DeepSeek 提炼作者的立场和提出的解决方案
高效总结信息	确保 DeepSeek 总结每段的关键信息，而不是逐字翻译

6.2.3　口语考试模拟：如何通过 DeepSeek 提升口语考试成绩

在很多语言考试中，口语部分常常让考生感到"压力山大"。无论是托福、雅思，还是其他语言考试，口语测试不仅考查流利度，还对发音、语法、词汇使用以及回答的逻辑性提出了高要求。很多考生在实际考试时容易出现紧张、卡壳或者思路不清晰的情况。如何通过模拟口语考试，提前适应真实场景，进而提高口语表达能力和考试成绩呢？本案例将帮助你了解如何利用 DeepSeek 进行有效的口语考试模拟，提升考生的自信心和应试能力。

➡ 编写提示词指令

在练习口语考试模拟时，许多考生可能会向 DeepSeek 提出简单的请求。例如：

> ✘ 帮我练习口语。

这种指令过于简单，可能导致 DeepSeek 提供的对话不够具备考试情境的真实感，也无法准确帮助考生识别口语中的问题。为了优化模拟效果，考生需要更为具体地描述自己的需求。例如：

> ✔ 我正在准备雅思口语考试，请模拟一场关于"家庭"的话题对话，要求包含自我介绍、家庭成员描述以及我的看法。我希望通过这次模拟提高我的口语流利度和语法准确性。

这样的指令不仅让 DeepSeek 明确了考试内容，还明确了你的练习重点：口语流利度、语法准确性和口语情境。

DeepSeek 深度思考

首先，我需要从考生的需求出发，确保模拟的口语情境符合真实考试中的情境要求。例如，雅思口语考试的三部分：自我介绍与个人经验、话题讨论，以及抽题回答的环节。我不能只是随意提出问题，而是要让模拟更加贴近考试的真实流程。每个环节的设计都要遵循考试的逻辑，确保内容涵盖考试所需的各个方面。

其次，口语流利度、语法准确性和表达的清晰度是模拟口语时的主要评估标准。在模拟对话时，我会有意识地设计一些有挑战性的问题，帮助考生提升语言表达的准确性和流畅度。例如，在描述个人经历时，我会要求考生使用多种时态，或在"看法"问题中加入观点表达的练习，帮助考生提升语法多样性。

同时，为了模拟真实考试的压力，我会在模拟过程中加入时间限制。这不仅能帮助考生提高反应速度，还能让他们在紧张环境中练习如何清晰、简洁地组织思路，避免口语考试时因为紧张而出现冗长或不连贯的回答。

DeepSeek 回答

模拟考试：雅思口语第一部分（家庭话题）

Examiner: Hello, welcome to today's IELTS speaking exam. Let's start with some simple personal questions. Please introduce yourself briefly.

User's Answer: Hi, my name is Li Ming, and I am from Beijing, China. I'm currently a university student majoring in English. I enjoy watching movies and traveling, especially experiencing different cultures in various countries.

Examiner: Great. Now, could you describe your family? For example, tell me about your family members and how you interact with them.

User's Answer: My family consists of four people: my parents, my younger brother, and me. My father is a doctor, and my mother is a teacher. We have a very harmonious relationship, and we usually cook together, watch TV, and go for walks in the park on weekends. My brother and I get along very well; we often play basketball or video games together.

Examiner: It sounds like your family is very close. Now, could you tell me what your views on family are? How important do you think family is to a person?

User's Answer: I think family is incredibly important to everyone. It's the foundation of our growth and the place where we get emotional support and a sense of security. Especially during difficult times, the support and love from family members can help us get through hardships. I also hope to have a warm family in the future, just like the one I have now.

Examiner: Very good, thank you for your answers today. That concludes your speaking exam, and I wish you the best of luck!

案例回放复盘

在进行口语考试模拟时，明确问题的范围和目标至关重要。通过精确设定情境和考试的要求，不仅能让 DeepSeek 更好地理解你的需求，还能帮助你在模拟过程中更好地适应实际考试的压力和结构。确保你的提问具体、明确并具有挑战性，能帮助你在口语考试中游刃有余。口语考试模拟的提问技巧总结见表 6.6。

表 6.6 口语考试模拟的提问技巧总结

技 巧	具 体 方 法
明确考试目标	设定清晰的口语考试目标，如"雅思口语第一部分"或"面试口语练习"
确定练习内容	提供具体的话题或问题，如"家庭""旅行""科技影响"等
加入时间限制	模拟考试时间限制，如 2 分钟内作答，模拟真实考试中的压力环境
精确反馈	请求 DeepSeek 提供针对性的反馈，如发音、语法、口语流利度等方面的详细建议

6.3 职场英语：职场谈判、会议总结，商务场合不再慌

职场中的英语要求通常更加专业和精准，DeepSeek 能帮助你在商务邮件、会议纪要等方面提升语言质量，确保你在国际化的工作环境中不出差错。无论是沟

通邮件、工作总结，还是修改简历，DeepSeek 都将为你提供精准、礼貌且高效的表达，帮助你在全球化的职场中脱颖而出。

6.3.1 简历优化：如何提升英语简历以吸引招聘方

在求职过程中，简历是每个求职者的第一张"名片"。一份精心撰写的英文简历不仅能够展示你的专业能力和经验，还能够在众多候选人中脱颖而出。然而，许多求职者在编写英语简历时，往往忽视了结构的优化、语言的精准以及内容的突出重点，导致简历难以打动招聘方。如何通过优化简历的结构和内容，提高简历的吸引力？本案例将通过提问优化技巧、DeepSeek 思维模式和实际示例，帮助你提升英语简历的质量，吸引更多招聘方，增加获得面试的机会。

▶ 编写提示词指令

当让 DeepSeek 帮助优化英语简历时，许多人通常只会简单地给出指令。例如：

> ✘ 优化我的简历。

这个指令没有明确的方向和需求，可能导致 DeepSeek 未能针对简历的核心问题进行优化，进而无法帮助你提升简历的竞争力。要想获得更高质量的简历优化结果，你需要给出详细的指令。例如：

> ✔ 请根据我的工作经验和技能，优化我的英语简历。增加具体的技术能力、项目经验或个人成绩，明确展示出我的优势领域。

通过这样详细且明确的提问，DeepSeek 能更精准地理解你的需求，并根据你的指引进行简历优化，从而提高简历的质量。

DeepSeek 深度思考

简历不仅是对工作经验的简单罗列，更是个人能力、成就和专业技能的展示。要使简历脱颖而出，我需要考虑以下几个方面：

突出个人成就：简历不仅要描述职责，更要量化成就。例如，描述一个项目时，我应该具体说明项目的目标、过程和最终结果。例如，"领导团队完成市场调研，帮助公司增加销售额 15%"，比简单地说"负责市场调研"要有说服力得多。

简洁明了的语言：英语简历通常要求简洁明了，避免冗长和复杂的句式。每一条工作经历的描述应简洁且富有信息量。我会确保每个工作职责都能体现你的核心能力，并避免无关紧要的细节。

量化和具体化：使用数据和具体成果来展示你的能力。例如，如果你在销售岗位上工作，你应该明确提到"提高销售额"多少，而不仅仅说"有销售经验"。

结构化布局：简历的结构非常重要。一个清晰的结构能帮助招聘经理快速找到他们需要的信息。一般来说，简历应该包括个人信息、教育背景、工作经历、技能和证书、成就以及其他相关经历。每一部分都应该简洁明了、条理清晰。

定制化：针对不同的职位需求，简历应该有所调整。例如，针对管理岗位，强调领导能力；针对技术岗位，突出技术技能和项目经验。

DeepSeek 回答

英文简历示例：软件开发人员

修改前的简历：

Name: Jane Smith

Email: janesmith@example.com

Phone: (555) 987-6543

Summary

Experienced Software Developer with a strong background in software development and coding. Proficient in Python and Java, with experience in working in a team environment. Always ready to learn new technologies and skills.

Experience

Software Developer

XYZ Technologies, San Francisco, CA

May 2020 – Present

- Worked on developing software applications.
- Collaborated with team members to build systems.
- Helped improve system performance and fixed bugs.
- Assisted with code reviews.

Junior Software Developer

Tech Innovators, San Francisco, CA

June 2018 – April 2020

- Developed web and mobile applications.
- Worked on fixing issues and improving application performance.
- Assisted senior developers with system optimizations.

Education

Bachelor of Science in Computer Science

University of California, Berkeley

Graduated May 2018

Skills

- Python, Java

- Web Development
- Problem-solving

修改后的简历：

Name: Jane Smith

Email: janesmith@example.com

Phone: (555) 987-6543

Professional Summary

Detail-oriented and innovative Software Developer with 5+ years of experience in developing high-quality software solutions. Adept at analyzing requirements, designing systems, and coding in Python, Java, and C++. Proven ability to collaborate with cross-functional teams and deliver solutions that meet business needs.

Professional Experience

Software Developer

XYZ Technologies, San Francisco, CA

May 2020 – Present

- Developed a customer management system in Python that increased efficiency by 40%, saving the company $50,000 annually in operational costs.
- Collaborated with a team of 5 to develop and launch a mobile application, resulting in over 10,000 downloads in the first three months.
- Conducted code reviews and provided mentorship to junior developers, improving code quality and team productivity by 25%.

Junior Software Developer

Tech Innovators, San Francisco, CA

June 2018 – April 2020

- Assisted in the development of a cloud-based inventory management system, which led to a 30% reduction in inventory discrepancies.
- Implemented new features and fixed bugs for a web application, enhancing the user experience and improving customer satisfaction scores by 15%.
- Worked closely with senior developers to optimize system performance, reducing load time by 20%.

Education

Bachelor of Science in Computer Science

University of California, Berkeley

Graduated May 2018

Skills

- Python, Java, C++

- Web Development (HTML, CSS, JavaScript)
- Data Structures & Algorithms
- Database Management (SQL, NoSQL)
- Agile Methodology
- Git & Version Control
- Problem-Solving & Debugging

▶ 案例回放复盘

优化英语简历的关键在于提问的精准度和明确性。通过在提问时明确指示需要优化的部分，并突出核心能力和成就，能够让 DeepSeek 为你生成更高质量的简历内容。同时，简历内容要简洁、量化并具有针对性，这样可以提升简历的吸引力，增加面试机会。优化简历的提问技巧总结见表 6.7。

表 6.7 优化简历的提问技巧总结

技　巧	具 体 方 法
强调成就	用具体数据（如百分比、增长数字）来描述你的贡献
避免冗长描述	每一项描述要简洁、精准，避免过多无关细节
技能与实践结合	将技能与实际工作经历结合，展示其在工作中的实际应用
量化成果	将所有可量化的成就转化为具体数字

6.3.2　会议记录总结：如何高效总结会议要点并形成清晰记录

扫一扫，看视频

在职场中，会议纪要不仅是会议内容的记录，更是确保决策和行动项落实的重要工具。然而，很多人常常因为缺乏有效的总结技巧，导致会议纪要冗长、无重点，无法为后续的工作提供清晰的指导。在英语环境下，高效的会议纪要总结尤为重要，它不仅要准确记录讨论内容，还要确保信息清晰、结构合理，方便与会者回顾和执行。如何通过精准提问提升会议纪要的质量，让它更加简洁、有条理，并具备实际的执行性？本案例将为你展示如何通过优化提问，引导 DeepSeek 生成高效的会议记录，并提供示例来展示如何精准总结会议内容。

▶ 编写提示词指令

很多人在请求 DeepSeek 总结会议内容时，常常给出模糊的指令。例如：

✗ 请总结会议内容。

这类指令缺乏对会议记录内容的具体要求，无法有效引导 DeepSeek 提供所需的信息。DeepSeek 可能无法明确重点，导致会议记录混乱、无关信息多。明确哪些是需要重点记录的部分，DeepSeek 就可以生成结构化且便于执行的会议记录。例如：

> ✔ 请记录会议中的关键决策，包括每个决策的背景、影响以及需要采取的具体步骤。

这种指令能够帮助 DeepSeek 针对性地总结会议内容，突出关键的决策和后续步骤，使得会议记录更有条理且具有实用价值。

DeepSeek 深度思考

在撰写会议记录时，我需要特别注意信息的结构化和简洁性。会议记录不仅仅是将会议内容逐字记录下来，而是要抓住讨论中的关键点、决策事项和后续的行动步骤。如何通过精准提问提升会议记录的质量，成为我思考的核心问题。

首先，我要明确会议的目的和重点。会议可能是讨论项目进展、解决问题、制定决策或分享信息。不同类型的会议记录应该有不同的重点。如果是决策会议，我要特别关注决策的背景、讨论的意见和最终的决策。如果是项目跟进会议，我需要记录每个议题的进展情况、遇到的问题以及下一步的行动计划。

其次，会议记录的结构也非常重要。一个好的会议记录应该包括会议时间、参会人员、讨论议题、讨论结果、行动项和责任人。每个部分都应简洁明了，避免冗长的描述，确保信息一目了然。

最后，必须突出行动项。许多会议的最终目标是推动项目进展或解决问题，因此，行动项的记录至关重要。每个行动项应明确指定责任人和完成期限，这样能够确保会议后的跟进和落实。

DeepSeek 回答

Meeting Summary: New Product Launch Discussion

Meeting Time: March 1, 2025, 10:00 AM – 11:30 AM

Attendees: John Doe (Manager), Sarah Lee (Marketing Director), David Kim (Product Developer), Lisa Wang (Sales Lead)

Meeting Purpose: Discuss the progress and next steps for the new product launch.

Key Discussion Points and Decisions

Product Launch Progress

- John Doe reported that the product design is 80% complete, and development is expected to finish within the next two weeks.
- Decision: The product launch will be scheduled for April 15, 2025, with a soft launch a week before to test market feedback.

- Action Items: David Kim to finalize the development and ensure all features are tested by March 15, 2025. Responsible: David Kim. Deadline: March 15, 2025.

Marketing Strategy
- Sarah Lee presented the marketing strategy, highlighting the need for influencer partnerships and online ads for the initial phase.
- Decision: Increase the marketing budget by 20% to include more social media influencers and targeted ads.
- Action Items: Sarah Lee to negotiate with influencers and update the marketing plan. Responsible: Sarah Lee. Deadline: March 10, 2025.

Sales Strategy
- Lisa Wang emphasized the need to prepare the sales team for the product launch, with additional training sessions to ensure effective communication of product features.
- Decision: Organize a product training session for the sales team by the end of March.
- Action Items: Lisa Wang to arrange training materials and schedule the session. Responsible: Lisa Wang. Deadline: March 20, 2025.

Next Steps
- Ensure all action items are completed on schedule for the successful launch.
- Next meeting scheduled for March 8, 2025, to discuss final preparations and any issues.

▶ 案例回放复盘

高效的会议记录总结不仅要精准记录讨论内容，还需明确每个决策和行动项，确保后续任务的可执行性。通过优化提问，确保 DeepSeek 聚焦于关键信息，生成有条理、结构清晰的会议记录，有助于团队成员回顾会议要点并落实行动。优化提问时要聚焦于决策、任务和责任人，明确行动项的优先级与截止日期，这样才能生成高质量的会议纪要。会议记录总结的提问技巧总结见表 6.8。

表 6.8　会议记录总结的提问技巧总结

技　　巧	具　体　方　法
精准提问	提问时明确会议的关键议题，特别是决策和后续行动项
聚焦行动项	强调每个任务的责任人和截止日期，确保后续任务可执行且清晰
结构化记录	使用清晰的结构，将每个议题、决策和行动项分开列出，避免信息混乱

6.3.3　撰写英语报告：如何撰写一份结构清晰、专业的英语报告

在现代职场和学术环境中，撰写英语报告是一项必备技能，无论是在日常工作中，还是在学术研究中，撰写报告都起到了信息传递和分析

总结的关键作用。然而，很多人在撰写报告时会面临内容不清晰、结构混乱的问题，导致报告的效果不尽如人意。如何通过精确的表述和合理的结构组织，撰写一份高质量的英语报告？本案例将详细说明如何优化提问并运用 DeepSeek 思维提升撰写英语报告的技巧。

▶ 编写提示词指令

在撰写报告时，许多人往往会提出一些粗略的请求。例如：

> ✘ 请写一份关于公司财务的英文报告。

这样的指令会导致报告内容无法聚焦，并且缺乏有效的信息支撑。我们需要通过高质量的提示词，使报告内容更加清晰、结构更紧凑。例如：

> ✔ 我需要一份关于 2024 年第一季度公司财务状况的报告，内容包括收入、支出、利润和现金流的详细分析，并对比上个季度的财务表现，给出未来财务状况的预测和改进建议。

通过这样的指令，DeepSeek 能更明确地理解报告的结构和内容要求，从而生成一个详细、系统、具有分析性的报告。

DeepSeek 深度思考

我首先需要全面理解报告的目标和结构，帮助用户明确他们的核心需求。撰写英语报告不仅仅是对信息的简单叙述，更重要的是如何进行数据分析、观点表达以及提出有效的建议。这些都是构成高质量报告的关键要素。

明确报告的目的和目标：在开始之前，我会思考用户撰写报告的目的，是要呈现信息、分析数据，还是作出决策建议？例如，如果是公司财务报告，目的可能是帮助管理层理解财务状况并作出决策，那么报告中的分析就需要具体且有据可依。

结构化组织内容：报告通常有固定的结构，包括引言、方法、分析、结果和结论。我会根据提问帮助用户明确每一部分的内容需求，并确保每一部分都有条理且内容充分。例如，收入分析部分可能包括具体的数字和图表，而建议部分则需要具体到操作性强的方案。

使用恰当的语言和风格：报告的语言风格通常要求正式且专业，避免使用过于口语化的表达。因此，我会帮助用户在提问中明确要求正式的语言风格，以保证报告的质量和专业性。

引入数据和事实支持：数据和事实的支持是报告的核心部分。我会帮助用户明确哪些数据是必需的，并确保在报告中有足够的事实依据来支撑观点，这样可以增加报告的可信度和说服力。

DeepSeek 回答

> ***English Report Example: Financial Analysis of the First Quarter of 2024***
>
> Introduction:

The purpose of this report is to analyze the financial performance of the company for the first quarter of 2024. The analysis will focus on the company's revenue, expenses, profit, and cash flow, with comparisons to the previous quarter's performance. Additionally, the report will provide insights into potential areas of improvement and forecast the company's financial performance for the upcoming quarter.

Revenue Analysis:

The total revenue for Q1 2024 was $5.2 million, representing a 10% increase compared to Q4 2023, where the revenue stood at $4.7 million. This increase is primarily driven by the successful launch of the new product line, which contributed to a 15% rise in sales from existing customers. The revenue breakdown by product category shows that the technology segment accounted for 60% of the total revenue, followed by the services sector at 25%.

Expense Analysis:

The total expenses for Q1 2024 amounted to $3.4 million, up from $3.1 million in Q4 2023. The primary increase in expenses came from the higher costs associated with raw materials and production in the technology segment, as well as increased marketing spending for the new product line. Although expenses increased, the company was able to maintain a favorable profit margin.

Profit and Cash Flow:

The company achieved a net profit of $1.1 million for Q1 2024, which is a 12% improvement compared to the previous quarter's net profit of $980,000. Cash flow from operations remained strong, with a positive cash flow of $900,000, ensuring the company's ability to meet its short-term liabilities.

Conclusion and Recommendations:

The company's financial performance in Q1 2024 is positive, with a healthy increase in revenue and profit. However, the rising expenses, particularly in raw materials and marketing, should be closely monitored. Moving forward, the company could focus on negotiating better terms with suppliers to reduce material costs and consider optimizing the marketing strategy to improve cost-efficiency. Additionally, focusing on increasing revenue from underperforming segments could further enhance overall profitability.

➡ 案例回放复盘

撰写英语报告时，精准的提问能有效提升生成报告的质量。通过清晰地定义报告的结构、内容以及目标，提问者可以确保DeepSeek生成内容时紧扣需求并提供有力的支持。特别是在分析类报告中，如何引导DeepSeek提供详细的、基于事实的分析尤为重要。编写英语报告的提问技巧总结见表6.9。

表 6.9 编写英语报告的提问技巧总结

技　巧	具 体 方 法
明确报告结构	在提问时，清楚描述报告的主要部分及其内容，如引言、分析、结论等
数据支持分析	确保提问时明确指出需要哪些数据支持，以及如何进行比较和分析
提供具体要求	指出报告中需要包含的具体信息或建议，如对比、预测、改进方案等
专业语言风格	在提问时强调报告的语言应正式且专业，避免使用口语化或非正式的表达

6.4 章节回顾

本章的核心目标是帮助读者通过DeepSeek克服英语学习中常见的障碍，提升英语表达的流畅性、准确性和地道性。无论是在日常交流、考试场景，还是职场沟通中，DeepSeek都能充当强有力的语言助手，提升读者的英语能力，使其更加自信地使用英语。DeepSeek不仅解决了"中式英语"问题，还能帮助读者在各种场合中有效地运用英语，从而减少语言表达上的困扰。

为了有效提升英语水平，读者可以利用DeepSeek优化自己的英语表达。尝试让DeepSeek帮助修正一段中式英语的表达，观察它如何将语法、词汇和语气调整为更地道的英语。无论是修改商务邮件、提升口语表达，还是备考英语考试，读者都可以通过DeepSeek的帮助来提升英语技能。通过不断实践，读者能够在英语交流和写作中建立更高的自信，并逐步克服语言学习中的困难。

➡ 读书笔记

第 7 章　让代码唾手可得：编程也能 so easy

学习编程是不是一件很难的事？对于初学者来说，理解代码逻辑、查找 Bug、写 SQL 查询语句可能都是挑战。别担心，DeepSeek 不仅能帮你生成代码，还能解释编程概念、优化代码结构，甚至帮你调试错误。本章将带你体验如何用 DeepSeek 辅助编程——从低代码入门，到复杂的语法检查，让代码变得更直观、更简单。你甚至可以让 DeepSeek 帮你写一个简易爬虫程序，自动抓取网页数据。无论是新手入门，还是程序员查漏补缺，DeepSeek 都能大幅提升你的编码效率。

7.1 "小白"学编程？DeepSeek+ 低代码大势所趋

编程不再是遥不可及的技术，DeepSeek 和低代码工具的结合使得即使是编程新手也能快速上手并实现个人项目。无论是搭建个人博客、自动化 Excel 任务，还是进行简单的游戏开发，DeepSeek 都能为你提供便捷的指导和代码模板，帮助你轻松实现创意，打破编程门槛，享受编程带来的乐趣。

7.1.1　生成简易计算器：如何引导 DeepSeek 生成高效、实用的计算器代码

在日常开发中，我们经常需要一个简易计算器进行基本的算术运算，如加法、减法、乘法和除法。然而，如果直接让 DeepSeek 生成一个计算器，可能会出现代码过于简单（仅支持基础输入 / 输出）、缺少错误处理（如除零错误），或者无法扩展（不能支持后续功能升级）等问题。如何优化提问，让 DeepSeek 生成一个既实用又易于维护的计算器？本案例将展示如何通过精准提问，引导 DeepSeek 生成符合需求的计算器代码。

➤ 编写提示词指令

如果向 DeepSeek 提出简单的要求，如：

> ✘ 写一个计算器程序。

这种过于简练的提问，可能会使 DeepSeek 返回一个仅支持基础加、减、乘、除运算的程序。如果希望 DeepSeek 生成一个更完善的计算器，可以优化提问。例如：

> ✔ 请编写一个 Python 计算器程序，支持用户输入，并提供加、减、乘、除、幂运算、平方根计算等功能。要求代码可扩展，支持异常处理，并提供简单的命令行交互。

这样的提问方式可以让 DeepSeek 更加清楚地了解用户所需要的功能，从而生成更加准确的计算器工具。

DeepSeek 深度思考

好的，我需要构建一个 Python 计算器，它需要支持：

（1）用户输入：使用 input() 让用户输入算式，并解析运算符和数值。
（2）支持基础运算和扩展功能：加、减、乘、除、幂运算（**）、平方根（math.sqrt）。
（3）异常处理：捕获无效输入（非数字）、除零错误，并给出友好的错误提示。
（4）可扩展性：代码结构应该允许后续添加更多数学运算，如对数运算、三角函数。
（5）代码结构清晰：可以使用面向对象编程（OOP）或函数式编程方式，使计算器更易维护。

为此，我需要：
- 解析用户输入，识别运算符和操作数。
- 使用 try-except 处理输入错误。
- 提供一个循环，使用户可以连续使用计算器。
- 设计一个函数或类来管理运算，提高代码的可读性。

DeepSeek 回答

```
import math
class Calculator:
    def add(self, a, b):
        return a + b
    def subtract(self, a, b):
        return a - b
    def multiply(self, a, b):
        return a * b
    def divide(self, a, b):
        if b == 0:
```

```python
            return "Error: Division by zero"
        return a / b
    def power(self, a, b):
        return a ** b
    def sqrt(self, a):
        if a < 0:
            return "Error: Cannot take square root of a negative number"
        return math.sqrt(a)
    def calculate(self, expression):
        try:
            parts = expression.split()
            if len(parts) == 2 and parts[0] == "sqrt":
                a = float(parts[1])
                return self.sqrt(a)
            elif len(parts) == 3:
                a, op, b = float(parts[0]), parts[1], float(parts[2])
                if op == "+":
                    return self.add(a, b)
                elif op == "-":
                    return self.subtract(a, b)
                elif op == "*":
                    return self.multiply(a, b)
                elif op == "/":
                    return self.divide(a, b)
                elif op == "**":
                    return self.power(a, b)
                else:
                    return "Error: Invalid operation"
            else:
                return "Error: Invalid input format"
        except ValueError:
            return "Error: Invalid number format"
if __name__ == "__main__":
    calc = Calculator()
    while True:
        expr = input("Enter calculation (e.g., 5 + 3, sqrt 9, or 'exit' to quit): ")
        if expr.lower() == "exit":
```

```
        break
    print("Result:", calc.calculate(expr))
```

> **案例回放复盘**

本案例展示了在使用 DeepSeek 生成代码时，提问的精准度直接决定了代码的质量和可用性。如果只是简单地让 DeepSeek"写一个计算器程序"，那么它可能会返回一个仅包含基础加、减、乘、除的函数，缺少交互性、错误处理以及扩展能力。要想让 DeepSeek 生成高质量、实用性强的代码，需要从多个方面优化提问，如明确代码的应用场景、功能需求、交互方式、异常处理以及可扩展性。利用 DeepSeek 生成高效实用的计算器的提问技巧总结见表 7.1。

表 7.1 利用 DeepSeek 生成高效实用的计算器的提问技巧总结

技 巧	具 体 方 法
清晰目标	说明计算器的用途（如用户输入计算、支持扩展功能）
功能列表	明确需要的运算（如加、减、乘、除、幂运算、平方根）
交互方式	指定命令行输入或 GUI 界面，确保 DeepSeek 选择适当的实现方案
错误处理	让 DeepSeek 处理非法输入，如非数字输入、除零错误等
可扩展性	要求代码结构良好，方便添加新功能

7.1.2 自动化 Excel 任务：如何让 DeepSeek 生成高效的 Excel 处理代码

在日常办公或数据分析中，我们经常需要处理 Excel 文件，如数据清理、格式转换、统计分析等。手动操作 Excel 既耗时又容易出错，而 Python 提供了多种库（如 pandas、openpyxl、xlrd）可以自动化 Excel 任务。本案例将通过优化提问，引导 DeepSeek 生成高效、可靠的符合实际需求的自动化 Excel 代码。

> **编写提示词指令**

如果仅是简单地提问，没有提出具体的要求。例如：

> ✗ 写一个 Python 代码来处理 Excel。

由于指令简短，DeepSeek 可能会返回一个仅支持基本读取和写入的代码，如果希望 DeepSeek 生成更实用的代码，我们可以优化提问。例如：

> ✔ 请编写一个 Python 脚本，使用 pandas 处理 Excel 文件 data.xlsx。要求：
> （1）读取 Sheet1，删除空行，格式化日期列 Date 为 YYYY-MM-DD。
> （2）计算 Sales 列的总和，并将结果追加到 Excel 文件 output.xlsx 中。
> （3）处理异常情况，如文件不存在或列缺失。

这样，DeepSeek 将更容易理解你的需求，方便其生成高效的 Excel 处理代码。

DeepSeek 深度思考

好的，我需要创建一个 Python 脚本，完成以下任务：
① 读取 Excel 文件：使用 pandas 读取 Sheet1，并检查是否存在该 Sheet。
② 数据清理：删除空行，确保数据完整性。
③ 格式转换：格式化 Date 列，使其符合 YYYY-MM-DD 格式。
④ 计算销售额总和：对 Sales 列进行求和，并记录结果。
⑤ 异常处理：
- 文件不存在时给出提示。
- 关键列（如 Date 和 Sales）丢失时返回错误信息。
⑥ 数据导出：将处理后的数据保存到 output.xlsx，同时追加销售总和。

DeepSeek 回答

```python
import pandas as pd
import os


def process_excel(file_path, output_file):
    try:
        # 检查文件是否存在
        if not os.path.exists(file_path):
            raise FileNotFoundError(f"文件 {file_path} 不存在。")

        # 读取 Excel
        df = pd.read_excel(file_path, sheet_name="Sheet1")

        # 检查关键列是否存在
        required_columns = ["Date", "Sales"]
        for col in required_columns:
            if col not in df.columns:
                raise KeyError(f"缺少必要列：{col}")
```

```
    # 删除空行
    df = df.dropna(how="all")

    # 格式化日期列
    df["Date"] = pd.to_datetime(df["Date"], errors="coerce").dt.strftime("%Y-%m-%d")

    # 计算销售额总和
    total_sales = df["Sales"].sum()

    # 追加结果到 Excel
    with pd.ExcelWriter(output_file, engine="openpyxl", mode="a", if_sheet_exists
if_sheet_exists="overlay") as writer:
        df.to_excel(writer, sheet_name="ProcessedData", index=False)
        summary_df = pd.DataFrame([{"Total Sales": total_sales}])
        summary_df.to_excel(writer, sheet_name="Summary", index=False)
    print(f"Excel 处理完成，结果已保存至 {output_file}")

except FileNotFoundError as e:
    print(e)
except KeyError as e:
    print(e)
except Exception as e:
    print(f"发生错误：{e}")

# 运行脚本
process_excel("data.xlsx", "output.xlsx")
```

案例回放复盘

在自动化 Excel 任务时，精准的提问方式可以帮助 DeepSeek 生成更有价值的代码，以降低修改成本，提高自动化 Excel 任务的效率。如果只是让 DeepSeek "写个 Excel 处理代码"，它可能只会返回基本的读取和写入功能，而缺少数据清理、格式转换、统计计算等关键步骤。利用 DeepSeek 生成 Excel 处理代码的具体技巧总结见表 7.2。

表 7.2　利用 DeepSeek 生成 Excel 处理代码的具体技巧总结

技　　巧	具 体 方 法
清晰目标	说明 Excel 任务的用途，如数据清理、格式转换、统计计算等
指定数据来源	明确 Excel 文件名、Sheet 名，避免 DeepSeek 假设默认的 Sheet
详细功能需求	如"删除空行""格式化日期""计算总和"，让 DeepSeek 处理完整的业务逻辑
错误处理	指定异常情况（如缺少列、文件不存在），确保代码不会崩溃
输出要求	说明数据保存格式，如覆盖原文件、追加新 Sheet，确保 DeepSeek 生成符合需求的代码
可扩展性	让 DeepSeek 使用 pandas 或 openpyxl 编写结构化代码，便于后续修改和优化

7.1.3　游戏开发入门：如何使用 Unity 构建第一个游戏

Unity 是目前最流行的游戏开发引擎之一，支持 2D 和 3D 游戏开发，并使用 C# 编程实现游戏逻辑。对于初学者来说，最好的入门方式是创建一个简单的 2D 平台跳跃游戏，玩家可以使用键盘控制角色移动和跳跃，并进行碰撞检测。本案例将帮助你了解如何优化提问，让 DeepSeek 生成更实用的 Unity 游戏代码。

▶ 编写提示词指令

如果直接向 DeepSeek 提问，而没有细化需求。例如：

> ✘ 用 Unity 写一个游戏。

DeepSeek 可能只会给出一个空场景，甚至不会包含角色或交互功能。如果希望 DeepSeek 生成一个完整的 2D 平台跳跃游戏，可以这样优化提问。例如：

> ✔ 请用 Unity 和 C# 编写一个 2D 平台跳跃游戏。要求：
> （1）角色可以使用左右键移动，空格键跳跃。
> （2）添加重力系统，防止角色漂浮。
> （3）角色不能穿透地面，支持碰撞检测。
> （4）碰到障碍物时游戏失败。

这样，DeepSeek 能够充分理解用户的需求，完善代码功能。

DeepSeek 深度思考

在 Unity 中，我们需要：

（1）创建游戏场景（添加角色、地面、障碍物）。
（2）实现角色移动（监听键盘输入，控制角色左右移动）。
（3）添加重力系统（使用 Unity Rigidbody2D 组件）。
（4）实现碰撞检测（确保角色站在地面上，并检查碰撞）。
（5）游戏失败逻辑（如果角色碰到障碍物，则游戏结束）。

DeepSeek 回答

1. 创建 Unity 项目

- 打开 Unity Hub，单击 New Project，选择 2D Core 模板，创建新项目。
- 进入 Unity 编辑器，打开 SampleScene 或新建一个 Scene（场景）。

2. 创建游戏对象

创建玩家（Player）

在 Hierarchy（层级窗口）右击 → 2D Object → Sprite → Square，命名为 Player。

调整大小：在 Inspector（检查器窗口）里，修改 Scale =(0.5, 0.5, 1)。

添加 Rigidbody2D 组件：

- 选中 Player，单击 Inspector → Add Component，搜索 Rigidbody2D 并添加。
- 设置 Gravity Scale = 2（增加重力）。

添加 BoxCollider2D 组件：选中 Player，单击 Add Component，搜索 BoxCollider2D 并添加（确保角色有碰撞体）。

创建地面（Ground）

在 Hierarchy 右击 → 2D Object → Sprite → Square，命名为 Ground。

调整大小：修改 Scale =(5, 0.5, 1)，使其成为平台，并拖动到屏幕底部（使用 Transform → Position）。

添加 BoxCollider2D 组件：选中 Ground，单击 Add Component，搜索 BoxCollider2D 并添加。

创建障碍物（Obstacle）

在 Hierarchy 右击 → 2D Object → Sprite → Square，命名为 Obstacle。

调整大小：修改 Scale =(0.5, 0.5, 1)，并放置在 Player 右侧。

添加 BoxCollider2D 组件：选中 Obstacle，单击 Add Component，搜索 BoxCollider2D 并添加。

3. 编写角色控制代码

在 Unity 中，角色的移动和跳跃逻辑需要通过 C# 脚本实现。

创建 C# 脚本

在 Project 窗口右击 Create → C# Script，命名为 PlayerController。

双击打开，编写以下代码：

```csharp
using UnityEngine;
using UnityEngine.UI;

public class PlayerController : MonoBehaviour
{
    public float moveSpeed = 5f;
    public float jumpForce = 7f;
    private Rigidbody2D rb;
    private bool isGrounded;
    public Text scoreText;
    private int score = 0;
    void Start()
    {
        rb = GetComponent<Rigidbody2D>();
        InvokeRepeating("IncreaseScore", 1f, 1f);
    }
    void Update()
    {
        float move = Input.GetAxis("Horizontal");
        rb.velocity = new Vector2(move * moveSpeed, rb.velocity.y);
        if (Input.GetKeyDown(KeyCode.Space) && isGrounded)
        {
            rb.velocity = new Vector2(rb.velocity.x, jumpForce);
        }
    }
    void OnCollisionEnter2D(Collision2D collision)
    {
        if (collision.gameObject.CompareTag("Ground"))
        {
            isGrounded = true;
        }
        if (collision.gameObject.CompareTag("Obstacle"))
        {
            Debug.Log(" 游戏失败！ ");
            Time.timeScale = 0;
```

```
    }
}
void OnCollisionExit2D(Collision2D collision)
{
    if (collision.gameObject.CompareTag("Ground"))
    {
        isGrounded = false;
    }
}
void IncreaseScore()
{
    score += 1;
    scoreText.text = "Score: " + score;
}
}
```

4. 添加 UI

创建得分文本：

- 在 Hierarchy，右击 → UI → Text，命名为 ScoreText。
- 在 Inspector 窗口调整字体大小，并拖动到屏幕顶部。
- 在 PlayerController 脚本中，将 ScoreText 变量绑定到 UI。

5. 运行游戏

（1）点击 Play 按钮运行游戏。

（2）使用 ← / → 方向键控制角色左右移动。

（3）按空格键让角色跳跃。

（4）确保角色不会穿透地面，并在碰到障碍物时游戏结束。

> 案例回放复盘

本案例展示了在使用 DeepSeek 进行游戏开发时，精准的提问能够决定代码的质量和实用性。精准的提问能让 DeepSeek 理解用户需求，避免它生成与预期不符的代码。通过清晰地描述游戏类型、核心玩法、输入方式、游戏目标、物理系统和可扩展性，可以让 DeepSeek 生成更完整、更接近可用的游戏代码，从而让游戏开发过程更加高效。利用 DeepSeek 编写游戏代码的具体技巧总结见表 7.3。

表 7.3 利用 DeepSeek 编写游戏代码的具体技巧总结

技　巧	具 体 方 法
清晰目标	说明游戏类型，如"一个 2D 平台跳跃游戏"
游戏机制	描述核心玩法，如"角色可以跳跃，不能穿透地面"
输入方式	指定玩家如何操作，如"使用键盘左右移动"
物理系统	是否需要重力、碰撞检测、加速度等
游戏失败条件	明确何时游戏结束，如"碰到障碍物游戏失败"
可扩展性	让 DeepSeek 生成结构化代码，方便后续添加功能

7.2 查语法、读代码、SQL 与正则全搞定

对于开发者来说，处理复杂代码、优化查询语句或编写正则表达式时，DeepSeek 能作为得力助手。它不仅能够帮助你快速理解开源项目中的复杂代码，还能为你的 SQL 查询提供优化建议，甚至帮助你生成准确的正则表达式。本节将介绍如何利用 DeepSeek 提高编码效率，轻松解决常见编程难题。

7.2.1 阅读开源项目代码：面对复杂的开源项目代码，如何高效理解

无论是学习编程、提高开发能力，还是在现有项目中复用开源项目代码，阅读开源项目代码都是一项重要技能。然而，许多初学者在面对庞大的代码库时常常感到迷茫，不知道如何快速理解代码结构、找到关键部分、避免信息过载。如何让 DeepSeek 系统化地解析复杂代码，帮助你理解开源项目？本案例将教你如何精准提问，引导 DeepSeek 逐步剖析复杂代码，并生成清晰的注释。

▶ 编写提示词指令

你希望 DeepSeek 逐步解析代码逻辑、提供注释，帮助你理解。然而，如果只是简单叙述。例如：

✗ 帮我理解这个开源项目的代码。

DeepSeek 可能会提供一个简单的项目介绍，但代码解析可能不够深入，缺乏逐步拆解和注释，不会分析函数调用关系。为了引导 DeepSeek 逐步剖析复杂代码，需要详细地进行说明。例如：

✔ 有一个 Flask 开源项目，它的 server.py 文件包含 API 服务器的核心代码，但逻辑复杂。请按照以下方式解析：先总结 server.py 的主要功能和代码结构；按函数拆解，逐步解析每个关键函数的作用；提供代码注释，解释变量和函数的意义；追踪 API 请求的处理流程。

这样，DeepSeek 将概述文件功能（如 server.py 是 Flask API 服务器的入口）；逐步拆解函数（先分析 main()，再分析 handle_request()，然后分析 db_query()）；添加详细注释，解释每个关键代码段的作用；提供 API 请求的执行流程，帮助理解数据流转过程。

DeepSeek 深度思考

当你面对一个复杂的开源代码文件时，你可能遇到以下困难：
（1）不清楚代码整体功能（文件负责什么？是 Web 服务器？数据库模块？数据处理？）
（2）函数调用关系复杂（哪些函数是入口？哪些函数是辅助？）
（3）变量和数据流难以追踪（数据如何在不同函数间传递？）
（4）缺乏文档和注释（许多开源项目没有完善的文档）。

因此，一个高效的代码解析策略应该包含：
（1）阅读 README.md 文件了解项目背景，确定核心功能。
（2）确定代码入口，找出 main() 或 server.run() 之类的启动函数。
（3）按模块拆解，分别分析 API 处理、数据库查询、业务逻辑等模块。
（4）逐步解析函数，使用代码注释让逻辑更清晰。
（5）跟踪数据流转，找出请求如何流经不同模块。
（6）使用调试工具，运行代码并观察实际执行情况。

DeepSeek 回答

示例：解析 Flask API 服务器代码

1. 获取代码

```python
from flask import Flask, request, jsonify
import sqlite3
app = Flask(__name__)
# 连接数据库
def get_db_connection():
    conn = sqlite3.connect('database.db')
    conn.row_factory = sqlite3.Row
    return conn
# 处理 API 请求
```

```python
@app.route('/users/<int:user_id>', methods=['GET'])
def get_user(user_id):
    conn = get_db_connection()
    user = conn.execute('SELECT * FROM users WHERE id = ?', (user_id,)).fetchone()
    conn.close()
    if user is None:
        return jsonify({'error': 'User not found'}), 404
    return jsonify(dict(user))

# 运行服务器
if __name__ == '__main__':
    app.run(debug=True)
```

2. 代码整体分析

代码功能总结：这是一个 Flask API 服务器，用于查询用户数据。

数据库连接：get_db_connection() 连接 SQLite 数据库 database.db。

API 处理：

@app.route('/users/<int:user_id>') 处理 GET /users/{id} 请求。

查询 users 表，返回用户数据（如果存在）。

若 user_id 不存在，则返回 404 Not Found。

服务器启动：app.run(debug=True) 启动 Flask 服务器。

3. 逐步解析每个函数

解析数据库连接

```python
def get_db_connection():
    """
    连接 SQLite 数据库，并设置返回值格式为字典。
    """
    conn = sqlite3.connect('database.db')  # 连接数据库
    conn.row_factory = sqlite3.Row  # 使查询结果以字典形式返回
    return conn
```

解释：

sqlite3.connect('database.db')：连接数据库 database.db。

conn.row_factory = sqlite3.Row：让数据库查询返回字典格式，而非默认的元组。

解析 API 处理

```python
@app.route('/users/<int:user_id>', methods=['GET'])
def get_user(user_id):
    """
```

处理 /users/{user_id} 请求，从数据库获取用户信息。
"""
conn = get_db_connection() # 连接数据库
user = conn.execute('SELECT * FROM users WHERE id = ?', (user_id,)).fetchone() # 查询用户
conn.close() # 关闭数据库连接
if user is None:
　　return jsonify({'error': 'User not found'}), 404 # 如果用户不存在，返回 404 错误
return jsonify(dict(user)) # 返回用户数据（字典格式）

解释：

这是一个 Flask 路由，用于处理 GET /users/{id} 请求。

conn.execute('SELECT * FROM users WHERE id = ?', (user_id,))：查询数据库，获取用户信息。

错误处理：如果 user_id 不存在，则返回 404 错误。

返回 JSON：使用 jsonify(dict(user)) 格式化数据。

4. 追踪 API 请求流程

请求执行流程

（1）GET /users/1 发送请求。

（2）Flask 调用 get_user(1)。

（3）get_db_connection() 连接数据库。

（4）SQL 查询获取用户数据。

（5）如果用户不存在 → return 404。

（6）如果用户存在 → return jsonify(user)。

5. 提示如何调试代码

（1）打印 SQL 查询结果：在 get_user() 中添加 python print(user)。

（2）运行 Flask 服务器：python server.py。

（3）发送 API 请求：curl http://127.0.0.1:5000/users/1。

▶ 案例回放复盘

在处理复杂的开源项目代码时，通过优化提问可以帮助 DeepSeek 提供更清晰的解析，进而快速理解和注释代码。通过这些技巧，能够更系统地引导 DeepSeek 解析开源项目代码，从而在不熟悉的代码库中高效定位问题、理解代码结构，并且能快速掌握项目的工作原理和实现方式。阅读开源项目代码的提问技巧总结见表 7.4。

表 7.4　阅读开源项目代码的提问技巧总结

技　　巧	具 体 方 法
明确项目名称	指定具体的开源项目，如"如何阅读 Flask 源码？"而不是"如何阅读代码？"
分析整体架构	让 DeepSeek 讲解项目文件结构、主要模块，以及核心代码位置
追踪代码流程	指定具体功能，如"Flask 如何处理 HTTP 请求？"让 DeepSeek 分析关键代码
调试技巧	询问"如何在 Flask 源码中添加调试日志？"让 DeepSeek 给出 print/logging 方案
提供代码示例	让 DeepSeek 解释某段代码的作用，如"Flask 中的 route() 方法是如何工作的？"

7.2.2　SQL 查询优化：如何有效地优化 SQL 查询

当我们在进行数据库管理和数据分析时，SQL 查询常常成为瓶颈，尤其当数据量增大时，查询速度会显著下降。慢查询不仅影响应用程序的响应速度，还可能增加数据库的负担，影响用户体验。例如，执行一个多表连接查询时，如果没有适当的优化，查询可能需要几秒钟，甚至几分钟来获取结果。为了提高效率，需要针对不同的查询场景和数据库结构采取有效的优化措施。本案例介绍如何通过精确地提问让 DeepSeek 帮助我们优化 SQL 查询，从而提升性能。

▶ 编写提示词指令

面对以上需求，初学者可能会提出笼统的问题。例如：

✘ 我想优化这条查询，让它更快。

这个问题过于简洁，没有提供足够的信息。它缺乏上下文，DeepSeek 很难了解查询的具体情况、表结构，或者目标是什么。相反，清晰明确的提问方式会帮助 DeepSeek 更准确地解析查询瓶颈并给出具体的改进建议。例如：

✔ 请分析以下查询语句并优化它。我使用的是 MySQL 数据库，查询涉及 orders 和 customers 两个表，并且查询结果很慢。能否通过创建索引或改写查询来提升性能？以下是查询语句：

SELECT customers.name, orders.total FROM customers INNER JOIN orders ON customers.id = orders.customer_id WHERE orders.date > '2023-01-01' AND orders.total > 1000;

这类提问提供了足够的上下文：所用数据库类型、查询内容、表的结构，以及期望的优化目标。这使得 DeepSeek 可以更具针对性地分析查询，提供具体的改进方法。

DeepSeek 深度思考

要对 SQL 查询进行优化，首先我需要理解查询的核心功能以及查询执行过程中可能导致性能下降的原因。以这个示例查询为例，查询通过 INNER JOIN 连接了 customers 和 orders 表，并筛选了订单日期和总额。接下来，我要考虑几个方面：

1. 数据量和表设计
- orders 表和 customers 表的记录量有多大？如果这两个表非常大，则查询的执行速度可能会受到很大影响。
- 我需要确认 customers.id 和 orders.customer_id 是否有索引，因为这两列是连接条件的关键。如果没有索引，查询可能会执行全表扫描，从而大大降低性能。

2. 查询条件的效率
- WHERE 子句中的 orders.date > '2023-01-01' 和 orders.total > 1000 可以通过索引优化吗？我需要检查这些字段是否已经建立了合适的索引。尤其是 orders.date 和 orders.total 可能成为查询的瓶颈，特别是在大数据量下。
- 确保 orders.date 和 orders.total 是通过复合索引来加速查询，而不是单独索引。

3. 优化方法
- 除了索引外，我还可以考虑重写查询。例如，是否可以通过子查询或其他方式重构查询，减少连接的计算复杂度，或者让查询更加高效？
- 数据库的配置也是一个因素，如缓冲池的大小、查询缓存等。

综上所述，我会考虑为连接列和查询条件字段创建复合索引，同时保持查询的简洁性和效率。

DeepSeek 回答

SQL 查询优化示例

1. 为 orders.customer_id 和 orders.date 列创建复合索引

这两个字段是查询的关键条件，创建复合索引会大幅减少查询的全表扫描次数。

2. 考虑增加 orders.total 字段的索引

orders.total 字段用于筛选符合条件的记录，索引可以加速这个过滤过程，特别是当 orders 表数据量大时。

3. 查询重写

可以尝试将查询进行重写，以确保数据库能够更加高效地利用索引：

```
SELECT customers.name, orders.total
FROM customers
INNER JOIN orders
ON customers.id = orders.customer_id
WHERE orders.date > '2023-01-01'
AND orders.total > 1000;
```

4. 数据库配置

如果数据量非常大，还可以考虑调整 MySQL 的查询缓存或缓冲池配置，确保查询能够充分利用内存。

▶ **案例回放复盘**

在进行 SQL 查询优化时，通过精准地提问来引导 DeepSeek 可以帮助我们找到合适的优化策略。首先，提供查询的上下文信息，包括所用数据库类型、涉及的表、字段等；其次，明确优化查询的目标，是否通过索引、查询重写等方法提高性能；最后，要求 DeepSeek 在给出优化建议时，根据查询逻辑、数据量、索引使用等方面提供具体的优化步骤。SQL 查询优化的提问技巧总结见表 7.5。

表 7.5　SQL 查询优化的提问技巧总结

技　　巧	具　体　方　法
明确查询目标	清晰定义优化目标，如提升查询速度或减少数据库负载
提供足够的上下文信息	给出数据库类型、表结构、字段以及查询条件，避免模糊提问
分步骤进行优化	通过索引优化、查询重写等手段逐步提升查询性能，注重细节
要求注重执行计划	让 DeepSeek 提供执行计划分析，帮助理解查询瓶颈所在
考虑数据库配置	在大数据量下，考虑数据库配置（如缓存、索引策略）对查询性能的影响

7.2.3　正则表达式匹配：如何精确设计正则表达式

在数据处理、文本分析或者网页抓取中，我们常常需要从一大段文本中提取特定的信息。例如，提取电子邮件地址、电话号码，或者匹配特定的格式化字符串。正则表达式（Regex）是一种强大的文本匹配工具，可以帮助我们用最简洁的方式描述复杂的文本规则。然而，许多初学者在编写正则表达式时，往往会遇到匹配不到目标信息，或者生成的正则表达式过于复杂，难以理解和维护的问题。为了高效地运用正则表达式，我们需要明确地设计提示词并指导 DeepSeek 提供精确的解决方案。本案例将展示如何通过精准地提问，使 DeepSeek 提供清晰有效的正则表达式匹配建议。

➡ 编写提示词指令

正则表达式的核心在于描述文本模式。一个简单的提问，如：

> ✘ 帮我写一个正则表达式，匹配电子邮件。

可能会得到一个概括性的答案。尽管这可以解决某些常见问题，但在不同应用场景下，正则表达式的需求差异很大，可能导致过于复杂或者过度匹配的情况。因此，需要提供一个更高效的提问方式。例如：

> ✔ 我需要一个正则表达式匹配电子邮件地址，要求能够匹配带有点和连字符的邮箱地址（如 example.email@example.com 或 name-last@domain.co.uk）。请确保它忽略大小写。

上述指令提供了明确的匹配规则，DeepSeek 可以更准确地理解用户需求并生成相应的正则表达式。

DeepSeek 深度思考

要设计一个精确的正则表达式，首先我需要清楚理解目标文本的结构和需求。例如，在匹配电子邮件时，我需要考虑电子邮件的基本结构，包括：

（1）用户名部分：用户名可以包含字母、数字、点（.）、下划线（_）和连字符（-）。不过，用户名的开头和结尾不能是点，点之间不能连续出现。

（2）域名部分：域名通常由字母、数字和点组成，点分隔各个部分，并且域名的最后一部分通常是顶级域名（如 .com、.org、.net）。

（3）大小写问题：电子邮件地址对大小写不敏感，因此在正则表达式中需要忽略大小写。

（4）特殊字符处理：有些邮件地址可能带有特定字符或国际字符，如 name@domain.co.uk 或 name@xn--ls8h.XN--fsq，我需要确保正则表达式能够处理这些情况。

在思考过程中，我还要考虑正则表达式的可读性和可维护性，避免过于复杂的表达式，保持代码简洁并易于理解。

DeepSeek 回答

正则表达式匹配示例

`^[a-zA-Z0-9._-]+@[a-zA-Z0-9.-]+\.[a-zA-Z]{2,}$`

解释：

`^[a-zA-Z0-9._-]+`：匹配用户名部分，允许字母、数字、点、下划线和连字符。+ 表示至少一个字符。

> @：匹配 @ 符号，作为分隔符。
> [a-zA-Z0-9.-]+：匹配域名部分，允许字母、数字、点和连字符。
> \.：匹配字面上的点（.）。
> [a-zA-Z]{2,}$：匹配顶级域名部分，要求至少两个字母，并且不允许数字或其他字符。
> 此正则表达式可以匹配常见的电子邮件地址，并且忽略大小写。

▶ 案例回放复盘

在使用正则表达式时，精确的提问可以帮助 DeepSeek 提供更合适的解决方案。首先，明确要匹配的文本类型，如电子邮件、电话号码或 URL 等；其次，提供上下文信息，说明格式要求、是否支持特殊字符、是否需要大小写敏感等；最后，明确是否需要处理多种格式或者考虑特定的边界情况。通过精准提问，DeepSeek 能够提供一个更加高效且准确的正则表达式。正则表达式匹配的提问技巧总结见表 7.6。

表 7.6 正则表达式匹配的提问技巧总结

技 巧	具 体 方 法
明确匹配目标	说明要匹配的文本类型，如电子邮件、电话号码等
提供格式要求	明确是否需要处理特殊字符、大小写、国际字符等特殊需求
提供实际示例	提供一个或多个示例，帮助 DeepSeek 更好地理解匹配需求

7.3 章节回顾

本章围绕 DeepSeek 在编程学习、代码解析和优化方面的应用，展示了 DeepSeek 如何降低编程门槛，使编程变得更加易学易用。无论是零基础用户想搭建个人项目，还是开发者需要优化代码，DeepSeek 都能提供高效支持。此外，DeepSeek 还能帮助用户理解复杂代码、优化数据库查询，并在数据处理、游戏开发等领域提供实用代码示例，使编程变得更加直观、高效。

然而，在使用 DeepSeek 辅助编程时，用户需要格外注意代码安全和隐私保护。DeepSeek 可以帮助优化代码、生成示例，但不应直接输入敏感信息，如数据库连接密码、API 密钥或企业内部的私有代码。确保在与 DeepSeek 互动时，仅提供必要的代码片段，而不暴露敏感数据，以避免潜在的安全风险。使用 DeepSeek 进行代码优化时，也建议在本地环境中测试代码，避免直接在生产环境运行未经验证的 DeepSeek 建议代码。

第 8 章　让工作快起来：通过 DeepSeek 提升职场效率

> 在职场，时间就是金钱。如何用最少的时间完成最多的工作任务？DeepSeek 可以帮你整理会议纪要、优化 PPT 内容、生成策划案，甚至进行数据分析。本章将带你探索 DeepSeek 如何在办公场景中发挥作用，让你的工作更高效、更省力。你将学会如何用 DeepSeek 提炼文档要点、自动生成报告，甚至跨平台协同办公，让工作流程更加顺畅。DeepSeek 不只是一个聊天工具，它还能成为你的职场加速器，让你在竞争激烈的环境中抢占先机！

8.1　私人助理：文档策划、会议纪要事半功倍

8.1.1　策划商业计划书：如何编写一份完整、专业且具有说服力的创业计划书

在创业初期，创业者通常需要准备一份详细的创业计划书，以向投资者、合作伙伴或团队成员展示他们的商业构想、市场前景和运营模式。然而，许多创业者在撰写计划书时常常忽视如何清晰地组织思路、提供具体的数据和市场分析，从而导致计划书缺乏说服力。如何撰写一份结构完整且具备市场吸引力的创业计划书？在本案例中，我们将分享如何构建一份精确的创业计划书框架，并提供一些优化提问的技巧，帮助你生成更具深度的商业计划书。

扫一扫，看视频

↪ 编写提示词指令

在撰写创业计划书时，许多人通常会给出比较宽泛的要求。例如：

> ✘ 请帮我写一份创业计划书。

这种提问太过简化，可能导致 AI 输出的计划书内容过于笼统，缺乏实际的市场数据、竞争分析及战略执行方案。为了优化提问，你需要给出更具体的要求。例如：

✔ 我正在筹备一个线上教育平台，专注于为职场人士提供进阶技能培训。请根据该领域的市场需求和发展趋势，帮助我撰写一份创业计划书，内容包括：①市场分析（行业概况、目标客户群、市场规模）；②商业模式框架（盈利方式、产品定位）；③营销策略（品牌传播、用户获取渠道）；④财务预测（初期投资、现金流、盈利模式）。同时，请提供相关的市场数据和趋势分析。

这种提问方式比简单要求生成"创业计划书"更加精准，有助于 DeepSeek 更好地理解你的需求，并聚焦于关键部分，生成一份具体且具有说服力的计划书。

DeepSeek 深度思考

首先，我必须明确创业计划书的核心目的是让读者了解整个商业构想的可行性和前景。因此，我需要从市场分析、商业模式框架、营销策略和财务预测四个维度来构建这份计划书。让我一步一步深入分析这四个部分。

市场分析：市场分析部分是整个计划书的基础，必须详细描绘行业的现状及发展趋势。如何确定目标客户群体的特征？目标市场的规模如何？我需要通过最新的行业报告和市场数据来展示行业的增长空间和潜力。竞争分析是市场分析的重要组成部分，必须识别出主要的竞争对手并分析它们的优势与不足。这样能够帮助我定位创业项目的独特竞争力。

商业模式框架：这部分是计划书的核心，它清晰定义了项目如何盈利以及产品的定位。这里不仅需要描述盈利方式（如 B2B、B2C、订阅模式等），还需要具体到每个产品的定价策略、销售渠道以及如何满足目标客户的需求。这个框架应当简明扼要，但又不失深度。

营销策略：营销策略部分要根据市场分析的结果来制定，确定如何通过不同的渠道传播品牌、吸引用户并提高转化率。在线教育平台可能更依赖于社交媒体营销、搜索引擎优化（SEO）及合作伙伴推广等策略。因此，我需要在营销策略部分给出针对性的方案，并强调如何建立品牌形象和用户信任。

财务预测：对于投资者而言，财务预测是创业计划书的核心部分之一。通过详细的预算、收入预测和现金流分析，能帮助投资者评估项目的潜在回报与风险。我需要根据项目的规模和阶段，合理预测初期投资、运营成本、盈亏平衡点等关键财务指标。

通过这些分析，我将能够系统性地理解用户的需求，并生成一个详尽的创业计划书框架。

DeepSeek 回答

线上教育平台创业计划书

1. 市场分析

● 行业概况与发展趋势：根据 2023 年全球在线教育市场报告，预计到 2025 年，全球在线教育市场将达到 4000 亿美元，年均增长率为 18.3%。尤其是在职场技能培训领域，近年来随着终身学习的观念普及和技术的发展，市场需求急剧增长。
- 目标客户群：我们的主要目标群体是 25~45 岁之间的职场人士，尤其是中层管理者和企业高管，他们需要提升领导力、数据分析和项目管理等能力。根据市场调研，65% 的职场人士表示愿意为专业培训投入更多的资金。
- 竞争分析：主要竞争对手包括"Skillshare""LinkedIn Learning"等。尽管这些平台提供丰富的课程资源，但我们的差异化优势在于提供定制化培训方案，且注重互动式学习与实践操作，帮助学员真正掌握职场所需的技能。

2. 商业模式框架
- 盈利方式：我们将采用 B2C 模式，通过平台向个人用户提供按需付费的职场技能培训课程。同时，我们也将推出企业定制培训服务，通过与公司合作，帮助其员工提升职业素质。
- 产品定位：平台的课程将聚焦在职场实用技能，如领导力、项目管理、沟通技巧等。课程内容将由业界专家设计，确保高质量的教学体验。此外，我们将提供学员之间的互动社区，增加学习的参与感。

3. 营销策略
- 品牌传播：品牌将通过社交媒体、企业合作、线上广告等渠道进行推广。重点聚焦于 LinkedIn 等职场平台，通过行业专家的讲座、博客和互动活动吸引目标客户。
- 用户获取渠道：我们将通过搜索引擎优化（SEO）、内容营销以及定向广告等方式增加平台曝光度。同时，我们将与大型企业合作，为其员工提供试用课程，借此吸引更多学员。

4. 财务预测
- 初期投资：预计初期投入 500 万元人民币，用于平台搭建、课程内容制作以及市场推广。预计在第一年内，我们将实现盈亏平衡。
- 现金流分析：预计平台在上线后的第一个季度内吸引到 2000 名付费用户，单用户平均收入为 1000 元人民币，年收入预计为 200 万元人民币。随着用户增长，收入将呈现指数增长。

➦ 案例回放复盘

在本案例中，我们讨论了如何撰写一份完整且具有说服力的创业计划书，帮助创业者有效展示他们的商业构想、市场前景、商业模式和财务预测。要生成高质量的创业计划书，提问者需要明确自己的目标，逐步细化每一部分的需求。通过有效的提问，可以使 DeepSeek 生成一个结构完整、数据支持、策略清晰的创业计划书。同时，也要注意通过多角度的分析来增加计划书的深度和实际价值。生成创业计划书的提问技巧总结见表 8.1。

表 8.1　生成创业计划书的提问技巧总结

技　　巧	具　体　方　法
提供具体背景	清晰地描述创业项目的业务领域、目标市场和潜在客户群体，帮助 DeepSeek 更好理解需求
明确核心内容	明确要求生成创业计划书的各个部分，如市场分析、商业模式、营销策略等，避免笼统提问
结合市场数据	要求 DeepSeek 提供最新的行业报告或市场数据，并结合实际情况进行分析，以增强计划书的说服力

8.1.2　会议纪要自动生成：如何构建一套高效、智能的自动化会议纪要解决方案

在当今快节奏的工作中，快速生成会议纪要是提高工作效率的重要环节。然而，手动记录和整理会议纪要往往耗时耗力，容易错过关键信息，且对于不熟悉会议内容的人来说，难以迅速把握会议的要点。借助 AI 技术，自动生成会议纪要成为一种解决方案。本文将展示如何通过 DeepSeek 优化会议纪要的生成过程，确保内容清晰、准确且具有高效的执行力。

▶ 编写提示词指令

许多用户在请求 AI 生成会议纪要时，往往给出的指令比较模糊。例如：

✘ 帮我写下这次会议的纪要。

这种提问没有详细说明会议的主题、讨论的重点和关键信息，导致生成的纪要缺乏针对性和有效性。如果希望 DeepSeek 更加高效地生成会议纪要，可以在提问时加入更多背景信息。例如：

✔ 我参加了一场关于市场营销策略的会议，讨论了社交媒体广告、SEO 优化和内容营销的策略。请根据以下内容自动生成一份会议纪要，重点突出各位发言人的主要观点、任务分配及后续行动计划。

通过提供会议的具体议题和内容，DeepSeek 可以根据这些关键信息生成一份结构清晰且有用的会议纪要，而不是仅仅罗列会议的冗长内容。

> **DeepSeek 深度思考**
>
> 会议纪要不仅仅是会议内容的逐字记录，而是对讨论要点、决策和后续行动的高度概括和提炼。在我开始生成会议纪要时，首先需要厘清会议的核心目的和参与人员。接下来，分析会议中的主要讨论内容，包括各方提出的意见和建议。更重要的是，会议纪要应该关注决策结果和下一步的行动计划。
>
> 例如，在会议中如果有人提到"加强社交媒体的广告投入"，这不仅仅是一个观点，而是决策过程中的一项行动项。会议纪要的重点就在于要总结出"谁负责""何时完成"及相关的执行细节。因此，我需要精准识别出每个发言的核心意图，并将其转化为简洁明了的纪要内容。

> **DeepSeek 回答**
>
> 以下是基于一场营销策略会议的生成示例。
>
> **会议纪要——市场营销策略讨论**
>
> **日期**：2025 年 3 月 1 日
> **时间**：14:00—15:00
> **地点**：公司会议室
> **主持人**：张总
> **参会人员**：李经理、王主任、陈总
> **主要议题**：社交媒体广告投放、SEO 优化、内容营销策略
>
> **会议要点**：
>
> **1. 社交媒体广告投放**
> - 李经理提出：应加大在社交媒体平台的广告投入，尤其是面向年轻消费群体。
> - 陈总补充：增加预算的同时，需优化广告定位，确保精准覆盖潜在客户。
> - 决策：社交媒体广告预算增加 30%，由李经理和王主任负责，计划于下周启动。
>
> **2. SEO 优化**
> - 王主任介绍了 SEO 现状和改进策略，提出通过增加长尾关键词提高搜索引擎排名。
> - 李经理建议：优化内容的同时加强外部链接建设，提升站外流量。
> - 决策：由王主任负责 SEO 策略的实施，预计 3 月 15 日前完成初步调整。
>
> **3. 内容营销策略**
> - 陈总提出：通过案例研究和客户故事等形式丰富内容，提升用户参与度。
> - 李经理强调：需要将内容创作与社交平台的广告投放相结合。
> - 决策：内容营销团队将提供月度内容规划，并与社交媒体广告投放同步，预计于 3 月 20 日完成。
>
> **4. 下一步行动计划**
> - 社交媒体广告：李经理和王主任负责，增加预算并启动广告投放（期限：3 月 7 日）。
> - SEO 优化：王主任负责 SEO 改进，计划在 3 月 15 日前完成。

- 内容营销：内容营销团队根据讨论制定月度内容计划，3月20日前完成。

会议结束时间：15:00

▶ 案例回放复盘

在本案例中，我们讨论了若要生成准确的会议纪要，提问者需要明确会议的核心议题、参与人员及其发言要点，并提供足够的背景信息。通过结构化的提问，DeppSeek可以帮助你自动提炼出会议中的关键信息、决策内容和后续的执行计划。在提问时详细描述会议的内容和预期的纪要形式，能够极大提高生成结果的精准度。会议纪要自动生成的提问技巧总结见表8.2。

表8.2　会议纪要自动生成的提问技巧总结

技 巧	具 体 方 法
提问明确化	提供会议的主题、讨论的重点及各项决策和行动项的详细信息，避免模糊和不具体的提问
结构化提问	根据会议的议题划分提问内容，如按"社交媒体广告""SEO优化""内容营销"等议题分类提问
精确记录决策	确保提问中明确每个决策的执行人、时间节点和责任，DeepSeek将帮助自动生成清晰的执行计划
高效总结	在提问时，要求突出讨论要点、决策结果和后续行动，避免冗长无关的内容，以便纪要具备高效性和实用性
深度思考与分析	在提问中加入对每个议题讨论背景的深入分析，有助于DeepSeek提炼出高质量的、具有执行力的会议纪要

8.1.3　日程规划优化：如何让DeepSeek高效优化日程规划

在日常工作和生活中，时间管理是许多人的痛点，无论是职场的高效工作，还是日常生活的安排，如何高效利用每一分每一秒时间都至关重要。尤其是当日程安排满满，当任务繁重时，如何合理规划时间、提高工作效率并确保生活质量，就成为很多人面临的挑战。传统的日程规划往往依赖于手动的列表或单一的数字日历，容易忽略任务的优先级，或者忽略任务之间的时间冲突问题。而利用DeepSeek来优化日程规划，可以帮助人们自动安排日程规划，并根据优先级和时间空档提供个性化的建议，从而提升时间利用率。

▶ 编写提示词指令

许多人在请求DeepSeek优化日程规划时，往往给出过于宽泛的指令，导致

DeepSeek 无法精准捕捉到优先级高的任务和潜在的冲突。例如：

> ✘ 帮我优化今天的日程。

这种过于简单的提问缺少关键的背景信息，为了获得更有效的建议，我们可以提供更多关于任务的细节，尤其是任务的优先级、预计所需时间和时间的限制。明确这些信息后，DeepSeek 能根据用户的具体需求作出更合理的规划。例如：

> ✔ 今天我有四个任务：①上午 9 点到 11 点的团队会议；②上午 11 点到 12 点的项目报告准备；③下午 2 点到 3 点的客户电话会议；④下午 4 点到 6 点的市场调研。我希望安排一个 30 分钟的休息时间和 30 分钟的午餐时间，并优先完成报告准备任务。请根据这些要求优化我的日程。

这样的提问能帮助 DeepSeek 理解用户的任务，并根据优先级、时间空档及需要的休息时间来合理安排日程，避免任务之间的冲突并确保充足的休息。

DeepSeek 深度思考

在接到这个任务时，我的目标是为用户提供一个尽可能高效、无冲突的日程安排。首先，我需要确定任务的优先级，明确哪些任务必须优先完成，哪些任务可以稍后处理。例如，在给定的例子中，团队会议和客户电话会议是固定的时间点，因此不能改变。而项目报告的准备和市场调研任务虽然重要，但可以在没有固定时间限制的情况下灵活安排。因此，优化的核心是如何合理地填充空闲时间，并确保任务按优先级完成。

我还需要考虑用户要求的休息时间和午餐时间。虽然这些是"非工作"时间，但它们对提升工作效率和保持工作精力至关重要，因此必须确保日程中有足够的时间来安排休息。

接下来，我考虑如何将休息时间和午餐时间巧妙地嵌入日程。例如，午餐时间最好安排在两个固定任务之间，确保用户有充分的休息时间，并在精力恢复后进行市场调研等任务。

通过合理优化，我能确保每个任务都得到充足的时间，同时避免任务重叠和时间浪费。

DeepSeek 回答

根据用户提供的任务和优先级信息，我为用户生成了以下优化后的日程安排：

优化日程安排：

- 9:00 AM—11:00 AM: 团队会议
- 11:00 AM—11:30 AM: 休息时间
- 11:30 AM—12:30 PM: 项目报告准备
- 12:30 PM—1:00 PM: 午餐时间
- 1:00 PM—2:00 PM: 项目报告准备（剩余部分）
- 2:00 PM—3:00 PM: 客户电话会议
- 3:00 PM—3:30 PM: 休息时间

- 3:30 PM—4:30 PM: 市场调研
- 4:30 PM—6:00 PM: 市场调研（剩余部分）

总结：
- 团队会议从 9:00AM 至 11:00 是固定时间，无法调整，因此按计划执行。
- 报告准备的任务被分配到上午和下午的空档时间，确保用户能够有足够的时间来准备项目报告。
- 午餐时间安排在 11:30 AM 至 12:00 PM，确保用户在忙碌的上午之后有适当的休息。
- 休息时间安排在较为疲劳的时段（11:00 AM 和 3:00 PM），确保用户能够保持精力充沛。
- 客户电话会议安排在 2:00 PM 至 3:00 PM，以避免与报告准备重叠。

▶ **案例回放复盘**

本案例探讨了为 DeepSeek 提供清晰的任务细节、时间空档及优先级信息，它能帮助我们制定出高效的时间表，避免时间浪费和任务冲突，从而实现最佳的时间利用。生成日程规划的具体技巧总结见表 8.3。

表 8.3 生成日程规划的具体技巧总结

技 巧	具 体 方 法
明确任务优先级	提供每项任务的优先级信息，特别是固定时间任务与灵活任务的区分
提供时间要求	详细说明每项任务预计需要的时间，确保任务不重叠，并能合理安排休息时间
考虑休息与午餐	在日程中安排足够的休息和午餐时间，避免连续长时间的高强度工作，保持工作效率
灵活安排任务	对于灵活的任务（如报告准备、市场调研等），根据时间空档合理分配任务，避免拥挤的日程安排

8.2 数据 & 可视化：从文字洞察到图表思路

8.2.1 数据分析报告生成：如何精准生成数据分析报告

在商业决策、科研分析、市场趋势研究等领域，数据分析报告是不可或缺的工具。无论是销售数据、用户行为分析，还是财务预测，我们都需要基于数据生成的结构化报告，以便决策者快速获取关键信息。然而，手动编写数据分析报告不仅费时费力，还可能因主观偏差导致信息遗漏或错误。

▶ 编写提示词指令

如果直接向 DeepSeek 提问。例如：

> ✘ 帮我写一份数据分析报告。

DeepSeek 可能会生成一份通用格式的报告，但它缺乏针对性，无法深入分析具体数据。如果想让 DeepSeek 生成的报告满足你的要求，则需要更加明确的指令。例如：

> ✔ 请根据以下销售数据生成一份数据分析报告，包括：①销售趋势分析；②各地区销量对比；③主要产品的销售增长率。

这样 DeepSeek 可以通过提供的 Excel 分析数据特征，提取关键指标，在此基础上进行趋势分析，找出异常点或关键增长点，并生成结构化报告，附上可视化图表。

DeepSeek 深度思考

在生成数据分析报告时，我会遵循以下逻辑步骤：

1. 数据预处理
- 检查数据格式，处理缺失值、异常值。
- 计算关键统计指标，如均值、中位数、方差等。

2. 趋势分析
- 绘制时间序列图，分析销售增长或下降趋势。
- 计算同比增长率、环比增长率，评估业务表现。

3. 对比分析
- 计算不同地区、不同产品类别的销售贡献度。
- 找出销量最高/最低的产品，分析原因。

4. 可视化
- 选择合适的图表（折线图、柱状图、热力图）。
- 突出关键发现，让数据更直观。

5. 总结与建议
- 提炼主要发现，并结合业务背景提出优化建议。

DeepSeek 回答

假设我们有一份电商销售数据，包含下表内容。

日期	产品类别	销售额/元	订单数	地区
2025年1月	电子产品	50000	120	上海
2025年1月	服装	30000	150	北京
2025年2月	电子产品	60000	130	上海
2025年2月	服装	28000	140	北京
2025年3月	电子产品	55000	125	上海
2025年3月	服装	32000	160	北京

数据分析报告

1. 数据概述

本报告基于2023年1—3月的销售数据，涵盖电子产品和服装两大类别，分析了销售趋势、订单量变化、地区对比等内容。

2. 销售趋势分析

- 电子产品销售额从1月的50000元增长至2月的60000元，3月略微下降至55000元，整体呈增长趋势。
- 服装销售额在2月有所下降（28000元），但在3月回升至32000元，可能与季节性需求相关。

3. 各地区销量对比

- 上海地区的电子产品销量较稳定，每月订单量在120~130单之间。
- 北京地区的服装销售波动较大，3月订单数达到160单，为最高值。

4. 关键发现

- 电子产品的销售额同比增长20%，说明市场需求稳定。
- 服装在2月销售下滑，3月反弹，可能受季节影响。
- 北京地区的服装销售增长显著，可以考虑增加库存。

5. 可视化分析

月度销售趋势

```
import pandas as pd
import matplotlib.pyplot as plt

# 生成示例数据
data = {'月份': ['1月', '2月', '3月'], '电子产品': [50000, 60000, 55000], '服装': [30000, 28000, 32000]}
```

```
df = pd.DataFrame(data)

# 绘制折线图
plt.figure(figsize=(8, 5))
plt.plot(df[' 月份 '], df[' 电子产品 '], marker='o', label=' 电子产品 ')
plt.plot(df[' 月份 '], df[' 服装 '], marker='s', label=' 服装 ')
plt.xlabel(" 月份 ")
plt.ylabel(" 销售额 ")
plt.title(" 月度销售趋势 ")
plt.legend()
plt.show()
    各地区销量占比
import seaborn as sns
data = {' 地区 ': [' 上海 ', ' 北京 '], ' 销售额 ': [55000, 32000]}
df = pd.DataFrame(data)
plt.figure(figsize=(6, 6))
sns.barplot(x=' 地区 ', y=' 销售额 ', data=df)
plt.title(" 各地区销量对比 ")
plt.show()
```

▶ 案例回放复盘

在数据分析报告生成时，精准的提问能让 DeepSeek 更高效地分析数据并生成有价值的报告。通过明确数据来源、设定具体分析目标、指定可视化需求和业务洞察，DeepSeek 能够高效提炼关键信息，生成结构化、可读性强的数据分析报告，助力科学决策和业务优化。生成数据分析报告的提问技巧总结见表 8.4。

表 8.4　生成数据分析报告的提问技巧总结

技　　巧	具　体　方　法
明确数据来源	说明数据的类型、格式，如"CSV 包含销售额、订单数等字段"
指定分析内容	让 DeepSeek 关注趋势分析、对比分析、关键发现等，而不是泛泛分析
要求生成可视化图表	指定生成折线图、柱状图、饼图等，避免 DeepSeek 仅返回文字描述
提炼关键发现	让 DeepSeek 结合数据提供业务洞察，而不只是计算均值
生成结构化报告	让 DeepSeek 以 Markdown、Word 形式输出完整分析报告

8.2.2 市场调研数据整理：如何系统化整理市场调研数据

在产品开发、营销策略制定和商业决策过程中，市场调研数据发挥着至关重要的作用。企业通过收集消费者偏好、竞争对手分析、行业趋势等信息，为产品优化和市场推广提供数据支持。然而，市场调研数据通常较为庞杂，涉及多种数据来源（问卷调查、访谈记录、行业报告、社交媒体分析等），若数据整理不当，可能导致数据整理无重点，无法直观支持商业决策。本文将演示如何利用 DeepSeek 系统化整理市场调研数据。

▸ 编写提示词指令

市场调研数据整理通常涉及数据收集、清理、分类、提炼关键洞察等多个环节，如果你的提问过于模糊。例如：

> ✘ 请帮我整理市场调研数据。

DeepSeek 可能只会提供一些基础的分类建议，而不会深度分析消费者需求或市场趋势。更好的提问方式可以让 DeepSeek 对数据进行有效清理、分类和结构化呈现。例如：

> ✔ 请整理以下市场调研数据，并按下述条件输出结构化报告：目标消费者分析（性别、年龄、消费偏好）；主要竞争对手市场份额及产品优势；购买决策因素（价格、品牌、口碑、用户体验）；未来行业趋势（市场增长率、新兴需求、技术变革）。

这样，DeepSeek 可以筛选出关键信息，归类整理数据，将数据转化为可操作的商业洞察并且提供清晰的结构化报告，便于用户后续分析和决策。

DeepSeek 深度思考

在进行市场调研数据整理时，我会遵循以下 5 个核心步骤：

1. 数据收集与清理

确保数据来源可靠（问卷、访谈、行业报告、社交媒体）。
处理数据格式不一致、去除重复信息、筛选无效数据。

2. 分类整理

根据调研目标，将数据归类，如消费者行为、市场份额、竞争对手分析、行业趋势等。

3. 提炼核心信息

计算关键统计指标，如年龄、收入、消费偏好分布。
提炼出消费者最关注的购买决策因素，如价格、品牌、用户体验。

4. 对比分析

比较目标消费者群体和竞争对手的市场份额，找出竞争机会。
发现市场增长点，预测未来趋势。

5. 结构化呈现

生成表格、数据摘要、关键结论,使报告更具可读性和可操作性。

DeepSeek 回答

假设我们有以下市场调研数据:

消费者群体	年龄段	购买频率	偏好品牌	购买渠道
年轻白领	25~35	高	苹果、三星	线上电商
大学生	18~24	中	小米、华为	线上+线下
中年商务人士	36~50	低	苹果、华为	线下体验店

竞争对手	市场占有率	主要产品	价格区间	用户评价
苹果	35%	iPhone 16	¥5999+	品牌溢价高,体验优质
华为	28%	Mate 70	¥5999+	性能稳定,国产值得信赖
小米	18%	小米 15	¥4499+	性价比高,年轻人喜欢

市场调研数据整理报告

1. 目标消费者群体

- 主要消费群体为 25~35 岁的年轻白领,更偏好高端品牌(苹果、三星),并倾向于线上购买。
- 18~24 岁的大学生更关注性价比,品牌偏好为小米、华为,线上和线下购买渠道均衡。

2. 竞争对手分析

- 苹果市场份额最高(35%),主要依靠品牌溢价,用户评价集中在生态体验优质。
- 华为市场份额(28%),优势在于稳定性和国产值得信赖,但价格较高。
- 小米市场份额(18%),价格亲民,受到年轻用户喜爱,但高端市场占比较低。

3. 购买决策因素

- 价格和品牌是主要决策因素,年轻用户偏好性价比高的产品,而中年用户更注重品牌和体验。
- 线上购买比例逐年上升,但线下体验店对高端产品销售仍然重要。

4. 行业趋势

- 高端市场增长明显,苹果和华为仍占据主导地位。
- 性价比市场竞争激烈,小米和其他品牌抢占市场份额。
- 线上渠道仍是主要销售方式,但线下体验店对高端用户影响较大。

▶ 案例回放复盘

市场调研的数据庞杂且来源多样,精准的提问能让 AI 高效归纳、分类并提炼关键信息。本案例展示了如何优化提问方式,从简单的"帮我整理数据"到具体的"请分类整理消费者群体、竞争对手分析、购买决策因素和行业趋势"。精准提问能够确保 DeepSeek 按目标群体、市场份额、竞争格局、购买偏好、行业趋势等核心维度进行数据分类，并结合数据分析提供商业洞察。通过结构化的整理方法，市场调研数据能更有效地支持产品定位、市场竞争策略和销售增长规划。市场调研数据整理的提问技巧总结见表 8.5。

表 8.5 市场调研数据整理的提问技巧总结

技 巧	具 体 方 法
明确数据来源	说明数据来源，如问卷调查、访谈记录、行业报告等
指定整理重点	让 DeepSeek 关注目标群体、竞争对手、购买决策因素，而不是简单分类
要求数据归类	按消费者特征、产品竞争力、市场趋势等维度整理数据
要求提炼关键发现	让 DeepSeek 结合数据提供核心洞察，而不只是堆砌信息

8.2.3 竞品分析表：如何精准对比竞争产品，获取关键市场情报

在商业竞争激烈的市场环境下，企业往往需要深入研究竞争对手的产品，以便优化自身策略，提升竞争优势。然而，许多初学者在进行竞品分析时，往往只是罗列产品参数、价格等基础信息，而忽略了核心竞争力、市场定位、用户体验等关键维度，导致分析流于表面，难以真正为决策提供价值。如何构建一个精准有效的竞品分析表，使其不仅能帮助企业了解市场动态，还能为自身产品优化提供实质性指导？本案例将探讨如何通过优化提问，使 DeepSeek 协助生成一份高质量的竞品分析表。

▶ 编写提示词指令

许多人通常会概括性的提问。例如：

> ✗ 帮我写一个竞品分析表。

DeepSeek 无法判断需要分析的行业、竞品类型、对比维度，也无法根据你的需求进行深度分析。这样生成的分析表往往只包含基本信息，缺乏洞察力。如果想让 DeepSeek 生成高质量的竞品分析表，我们需要明确行业背景、竞品范围、对比维度、分析目标等关键信息。例如：

> ✓ 我希望分析智能手表市场，主要关注 Apple Watch、Samsung Galaxy Watch 和 Huawei Watch。分析维度包括价格、核心功能（健康监测、电池续航、兼容性）、市场定位、用户口碑、品牌影响力。我希望生成一份竞品分析表，突出各品牌的优势和劣势，并给出市场趋势分析。

这个提问提供了清晰的行业背景、竞品范围、分析维度和目标，使 DeepSeek 可以精准地生成更具价值的竞品分析表，而不仅仅是罗列参数。

DeepSeek 深度思考

好，我需要生成一份针对智能手表市场的竞品分析表。核心目标是对比 Apple Watch、Samsung Galaxy Watch 和 Huawei Watch，围绕价格、核心功能（健康监测、电池续航、兼容性）、市场定位、用户口碑、品牌影响力等维度进行分析。为了确保分析表的价值，我需要注意以下几点：

1. 确保数据全面，突出核心竞争力

每款智能手表的核心卖点不同。例如，Apple Watch 强调生态系统和健康监测，Samsung Galaxy Watch 以多功能和跨平台兼容性见长，而 Huawei Watch 则突出续航能力和本地化市场策略。因此，在分析时，不能仅停留在参数对比，而要深挖各品牌的战略差异。

2. 关注市场定位和用户体验

竞品分析不仅仅是对比硬件配置，还要看它们在市场上的定位。例如，Apple Watch 针对的是高端市场，强调与 iPhone 的协同，而 Samsung Galaxy Watch 和 Huawei Watch 则有更多安卓用户，因此兼容性和续航能力更具竞争力。此外，用户体验（UI 流畅度、佩戴舒适度、售后服务等）也是重要因素，直接影响消费者决策。

3. 融合市场趋势，提供竞争洞察

除了静态对比，更重要的是结合市场趋势分析。例如，随着健康管理需求的增长，血糖监测、血压检测等功能成为新的竞争点。此外，AI 语音助手、云服务、第三方应用生态也是智能手表竞争的重要因素。分析时，需要结合市场趋势，预测未来可能的竞争格局。

DeepSeek 回答

维度	Apple Watch Series 9	Samsung Galaxy Watch 6	Huawei Watch GT 4
价格	$399~$799	$299~$499	$199~$399
核心功能	健康监测（ECG、血氧、温度）、Apple 生态整合	健康监测（ECG、血氧）、三星生态、跨平台兼容	健康监测（血氧、心率）、超长续航
电池续航	18~24 小时	2~3 天	7~14 天
兼容性	仅限 iOS	iOS & Android	iOS & Android
市场定位	高端市场，iPhone 用户首选	中高端市场，安卓用户首选	中端市场，主打性价比和长续航
用户口碑	生态闭环好，但续航短	兼容性强，续航中等	续航优秀，但生态较弱
品牌影响力	高端品牌，用户忠诚度高	竞争力强，但依赖安卓市场	在亚洲市场增长快
市场趋势	未来或加入血糖监测，强化健康功能	强调 AI 助手和跨设备协同	续航+健康监测双向发展

▶ 案例回放复盘

高质量的提问能够让 DeepSeek 更精准地理解用户需求，确保生成的竞品分析表具有实际价值。让 DeepSeek 生成高质量的竞品分析表的关键在于提供清晰的行业背景、竞品范围、对比维度和分析目标。明确分析对象和对比维度可以让 DeepSeek 生成更具洞察力的内容。竞品分析表制作的提问技巧总结见表 8.6。

表 8.6 竞品分析表制作的提问技巧总结

技 巧	具 体 方 法
明确行业背景	说明要分析的行业，如智能手表、电商、软件运营服务等
指定竞品范围	选定具体竞品，如 Apple、Samsung、Huawei 等
设定对比维度	价格、功能、市场定位、用户口碑等
结合市场趋势	让 DeepSeek 分析未来趋势，提高报告的实用性
关注用户体验	考虑口碑、售后、生态等软性因素

8.3 软件实操：PPT、Word、协同平台全拿下

8.3.1 PPT 操作小妙招：如何精准向 DeepSeek 询问以提高 PPT 制作效率

扫一扫，看视频

在日常工作或学习中，制作 PPT 是不可避免的。然而，许多人在使用 DeepSeek 辅助制作 PPT 时，往往遇到以下问题：DeepSeek 生成的内容过于基础，缺乏专业感；排版建议不符合个人需求；动画和交互效果难以精准控制。如何精准提问，让 DeepSeek 生成更符合预期的 PPT 操作技巧呢？本案例将介绍提问的方法，并结合 DeepSeek 生成的实例展示如何提高 PPT 制作效率。

▶ 编写提示词指令

很多人使用 DeepSeek 时，常常会给出过于模糊或宽泛的请求。例如：

✗ 教我制作 PPT 时的技巧。

这样的问题太过宽泛，DeepSeek 可能会生成基础的 PPT 制作指南，例如如何插入文本、添加图片、调整字体等。这些信息虽然有用，但 DeepSeek 无法针对用户的具体需求，导致生成的内容泛泛而谈，难以真正提升 PPT 的质量和制作效率。

如果想要 DeepSeek 给出更有价值的建议，需要明确提问的关键要素。例如：

> ✔ 我要制作一份企业季度汇报 PPT，目标是让数据可视化，演示流畅，吸引高层注意力。我希望获得关于数据图表美化、动画设置和演示技巧的具体建议。请列出 3 个高效的 PPT 操作技巧，并结合 PowerPoint 的最新功能进行说明。

DeepSeek 会根据需求生成更精准的建议，如数据可视化的最佳实践、如何使用 DeepSeek 生成图表、动态动画的运用等。它不会再给出基础的 PPT 制作步骤，而是提供有针对性的技巧，使 PPT 更具专业感和吸引力。

DeepSeek 深度思考

好的，我需要提供 3 个高效的 PPT 操作技巧，重点是数据可视化、动画设置和演示技巧。这些技巧不仅要提升 PPT 质量，还要易于操作，让用户在短时间内掌握并应用。

首先，数据可视化是季度汇报的核心，普通的柱状图、折线图显得呆板，因此推荐使用 PowerPoint 的 SmartArt、动态图表插件（如 Think-Cell）或 Excel 关联动态图表。此外，我建议用户使用渐变色、对比色来增强数据的可读性，同时避免信息过载。

其次，动画效果需要既专业又克制。过多的动画会分散观众注意力，因此建议采用淡入、缩放、擦除等简洁的动画，并设置"按顺序出现"来增强逻辑性。我还可以介绍 PowerPoint 的 Morph（渐变）动画，它可以让元素在页面间流畅过渡，非常适合演示数据变化或产品演进。

最后，演示技巧直接影响 PPT 的表达效果。使用演讲者视图可以让主讲人看到演讲备注，同时进行时间管理。此外，我推荐 Zoom 功能，它允许创建交互式导航，让演示者自由跳转到不同的章节，而不会打破演讲节奏。

为了让建议更直观，我会提供具体的操作步骤，并结合 PowerPoint 最新功能，确保用户能快速上手。

DeepSeek 回答

1. 数据可视化：使用 SmartArt + 关联 Excel 数据

操作方法：

● 在 PowerPoint 中，选择插入 → SmartArt，然后选择适合数据展示的图表（如层次结构图、流程图）。

● 右键点击 SmartArt "转换为形状"，这样你可以单独编辑每个元素，让图表更具个性化。

● 如果有 Excel 数据，可以插入图表 → 选择"从 Excel 导入数据"，让图表随 Excel 变化自动更新。

优势：

● 让数据更直观，避免死板的表格。

● 关联 Excel 后，PPT 中的数据可动态更新，避免重复修改。

2. 动画优化：使用 Morph（渐变）动画提升视觉流畅度

操作方法：

（1）复制一张幻灯片，在新幻灯片中调整对象位置、大小或颜色。

（2）选择"幻灯片切换"→"Morph"（渐变）效果，PPT 会自动识别变化并创建流畅的过渡效果。

优势：

- 让数据变化、产品演示更自然，不会突兀。
- 适用于流程展示、数据对比、产品演进等场景。

3. 讲演技巧：用 Zoom 功能打造交互式演示

操作方法：

进入"插入"→"Zoom"，选择"摘要 Zoom"或"幻灯片 Zoom"。这样你可以在演示时点击一个章节跳转到具体内容，而不是按顺序逐页翻页。

优势：

- 让演讲更灵活，不受固定顺序限制。
- 适合高层汇报、培训课程、产品发布会等多场景演示。

▶ **案例回放复盘**

想让 DeepSeek 提供精准的 PPT 操作技巧，关键在于明确目标和具体需求。通过精准提问，DeepSeek 可以成为真正的 PPT 助手，帮助你快速提升制作效率，让 PPT 更加专业、流畅、有吸引力！生成 PPT 操作小妙招的提问技巧总结见表 8.7。

表 8.7　生成 PPT 操作小妙招的提问技巧总结

技　　巧	具　体　方　法
精准设定	说明 PPT 目标，如季度汇报、产品展示等，让 DeepSeek 提供更匹配的技巧
操作范围	指定希望优化的内容，如数据可视化、动画效果、演示技巧
工具要求	说明使用的 PPT 版本或插件，如 PowerPoint、Keynote、Think-Cell
实例化技巧	让 DeepSeek 提供操作步骤，而不是抽象概念，如"使用 Morph 动画"而非"优化动画"

8.3.2　Word 批量修改：如何精准向 DeepSeek 询问高效的文档编辑技巧

在日常办公和写作中，我们经常需要对 Word 文档进行大规模修改，例如统一格式、替换特定词语、调整标题样式等。然而，手动修改文档既耗时又容易出错。如果只是简单地问 DeepSeek"如何在 Word 里批量修改内容？"，DeepSeek 可能会提供基础的查找和替换方法，而不会涉及更高级的操作，如使用宏批量调整格式、VBA 代码自动替换或利用 Word 的高级查找规则。如何通过精准提问，让 DeepSeek 提供更高效的 Word 批量修改技巧呢？本案例将展示优化提问的方法，并结合 DeepSeek 生成的实例，帮助你快速掌握编辑技巧。

➡ 编写提示词指令

很多人使用 DeepSeek 时，往往会提出过于宽泛或模糊的问题。例如：

> ✘ 如何批量修改 Word 文档？

DeepSeek 可能会提供最基础的"查找和替换"方法，但不会涉及更高级的批量修改方式，难以真正提升用户效率。如果想要 DeepSeek 提供更专业的修改方法，我们需要明确几个关键点，如修改目标、适用范围等。例如：

> ✔ 需要批量修改多个 Word 文档，这些文档的格式不一致。我想统一所有标题的样式（如所有一级标题使用"黑体16号加粗"，二级标题使用"宋体14号"），同时将所有"公司名称"替换为"企业名称"。请提供 Word 中高效的批量修改方法，包括 Word 内置功能或 VBA 代码的实现方式。

DeepSeek 会根据用户需求提供针对性的方案，从而大幅提升修改效率。

DeepSeek 深度思考

好的，我需要为用户提供一套高效的 Word 批量修改方案，涵盖格式统一、文本替换和批量处理多个文档。用户希望修改多个 Word 文档，因此单纯的"查找和替换"并不够，必须涉及自动化工具，如 VBA 代码或 Python 处理。我可以从以下三个层面来优化回答：

1. 格式批量修改
- 直接使用 Word 的"样式"功能，可以让用户在一键应用后，全局修改所有标题格式。
- 如果需要更精细地进行调整，我可以提供 VBA 代码，让用户一键批量更改所有 Word 文档的格式。

2. 文本批量替换
- Word 的"查找和替换"功能适用于简单的文本修改。
- 对于更复杂的替换(如区分大小写、匹配特定格式)，VBA 可以提供更灵活的解决方案。

3. 批量处理多个文档
- 如果用户有大量 Word 文档需要修改，我可以提供 VBA 宏代码或 Python 脚本，自动遍历文件夹，批量处理所有 Word 文档。

综上，我将提供直接可用的 VBA 代码，让用户可以高效完成批量修改，同时说明如何使用 Word 内置工具进行简单的操作。

DeepSeek 回答

1. 批量修改标题格式（使用 Word 样式）

操作方法：

在 Word 中，执行"开始"→"样式"命令，找到"标题 1""标题 2"。

右击对应样式，选择"修改"选项。一级标题：黑体 16 号加粗；二级标题：宋体 14 号。

单击"确定"按钮，整个文档的标题格式将自动调整。

优势：

快速统一格式，无须手动修改每个标题。适用于所有 Word 版本，操作简单。

2. 批量查找和替换文本

操作方法：

按下 Ctrl + H，打开"查找和替换"窗口。

在"查找内容"中输入：公司名称。

在"替换为"中输入：企业名称。

点击"全部替换"，Word 将自动修改所有匹配项。

高级技巧：

勾选"区分大小写"，仅替换大小写完全匹配的内容。

使用通配符（如 ?、*）匹配更复杂的文本模式。

3. 使用 VBA 批量修改多个 Word 文档

```
Sub BatchModifyWordFiles()
    Dim objWord As Object
    Dim objDoc As Object
    Dim objFSO As Object
    Dim objFolder As Object
    Dim objFile As Object
    Dim strFolderPath As String
    ' 设置要批量处理的文件夹路径
    strFolderPath = "C:\Users\YourName\Documents\WordFiles\" ' 修改为你的文件夹路径
    ' 创建文件系统对象
    Set objFSO = CreateObject("Scripting.FileSystemObject")
    Set objFolder = objFSO.GetFolder(strFolderPath)
    ' 遍历文件夹中的所有 Word 文档
    For Each objFile In objFolder.Files
        If Right(objFile.Name, 5) = ".docx" Then
            Set objWord = CreateObject("Word.Application")
```

```
    objWord.Visible = False '运行时不显示 Word 窗口
    Set objDoc = objWord.Documents.Open(objFile.Path)
    '统一标题格式
    With objDoc.Styles("Heading 1").Font
        .Name = "黑体"
        .Size = 16
        .Bold = True
    End With
    With objDoc.Styles("Heading 2").Font
        .Name = "宋体"
        .Size = 14
        .Bold = False
    End With
    '批量替换文本
    objDoc.Content.Find.Execute FindText:="公司名称", ReplaceWith:="企业名称", Replace:=2
    '保存并关闭文档
    objDoc.Save
    objDoc.Close
    objWord.Quit
  End If
Next
MsgBox "所有 Word 文档已批量修改完成！"
End Sub
```

使用步骤：

（1）打开 Word，按快捷键 Alt + F11 进入 VBA 编辑器。

（2）插入新模块，粘贴上述代码。

（3）修改文件夹路径（strFolderPath）。

（4）运行代码，批量修改文件。

优势：一键批量处理多个 Word 文档，自动调整标题格式和文本替换。适合处理大量文档，极大提升效率。

▶ 案例回放复盘

精准提问不仅能让 DeepSeek 更好地理解你的问题，还能大大提升生成结果的可操作性，让 DeepSeek 成为真正高效的 Word 助手。通过这种方式，你可以轻松完成大规模的文档修改任务，避免大量重复性劳动，从而显著提高办公效率，让复杂的批量编辑变得简单快捷。Word 批量修改的提问技巧总结见表 8.8。

表 8.8　Word 批量修改的提问技巧总结

技　　巧	具　体　方　法
精准设定	说明修改内容，如统一格式、替换文本等
操作范围	指定是单个文件，还是批量处理多个 Word 文档
使用工具	说明是否需要 VBA 代码、Python 脚本，或仅用 Word 自带功能
实例化技巧	让 DeepSeek 提供可直接执行的步骤或代码，而不是抽象概念

8.3.3　协同平台任务分配：如何精准向 DeepSeek 询问高效的任务管理方案

在团队协作中，合理分配任务至关重要，尤其是在使用 Asana、Trello、Notion 或企业内部的协同平台时。团队成员可能遇到以下问题：任务分配缺乏透明度，导致责任不清；任务进度跟踪困难，容易出现遗漏；任务优先级不明确，影响整体效率。如何精准提问，让 DeepSeek 提供更符合团队需求的任务管理方案呢？本案例将介绍优化提问的方法，并结合 DeepSeek 生成的实例，帮助你提升任务分配的效率和透明度。

▶ 编写提示词指令

许多人在使用 DeepSeek 辅助管理任务时，常常只是简单地询问。例如：

> ✖ 如何在协同平台分配任务？

DeepSeek 可能会简单介绍"如何创建任务""如何指派任务"这类基础操作，而无法针对具体需求提供智能化的解决方案。如果想让 DeepSeek 提供更有价值的建议，我们需要明确以下关键要素：任务类型、分配原则、自动化需求等。例如：

> ✔ 我们团队使用 Notion 进行任务管理，希望优化任务分配策略。任务包含长期项目（如市场推广计划）和短期任务（如撰写广告文案）。要求能根据团队成员的工作负载和专业技能，提供智能化的任务分配策略，并结合 Notion 数据库的自动化功能，实现任务状态更新和提醒。请给出具体实现方案，包括 Notion 配置的应用方法。

DeepSeek 会根据需求，提供更智能的任务分配方案，如基于任务重要性、成员工作量的智能分配方式。

> **DeepSeek 深度思考**
>
> 好的，我需要为用户提供一个高效的任务分配方案，确保：
> （1）任务分配合理性——确保工作量均衡，避免某些成员负担过重。
> （2）任务优先级明确——重要任务优先分配，并且可根据进度自动调整优先级。
> （3）自动化管理——结合 Notion API 或其他工具，减少人工操作，提高协作效率。
> 首先，在任务分配方面，常见的分配方式包括：
> 基于工作量：优先分配给当前任务较少的成员，避免过载。
> 基于技能匹配：确保任务与执行人的专业能力相匹配，提高完成质量。
> 基于任务优先级：对于紧急任务，优先指派可立即执行的成员。
> 其次，在任务自动化管理方面，可以使用：
> Notion 数据库：通过 Status（状态）、Deadline（截止时间）、Assigned to（负责人）等字段，动态调整任务分配。
> API 自动化：借助 Notion API 或第三方工具（如 Zapier），自动更新任务状态、发送提醒邮件或 Slack 通知。

> **DeepSeek 回答**
>
> 为了实现高效的任务分配，可以使用以下方法：
> **1. 基于工作量的智能分配**
> 在 Notion 数据库中，添加一个字段"当前任务数量"，记录每个成员的待办任务数。
> 任务创建时，优先指派给当前任务最少的成员，确保分配均衡。
> **2. 基于技能匹配的任务分配**
> 在 Notion 中创建"成员技能表"，列出每位成员擅长的任务类型（如写作、设计、数据分析）。
> 在任务表中，添加一个"匹配技能"字段，指派与任务要求技能最匹配的成员。
> **3. 基于任务优先级的自动调整**
> 使用 Notion 中的"Priority（优先级）"字段，定义高、中、低优先级。
> 通过 Notion API 或手动规则，自动调整高优先级任务的指派对象，确保最关键的任务被尽快处理。

▶ 案例回放复盘

通过精准提问，DeepSeek 可以成为高效的任务管理助手，帮助团队提升协作效率，让任务分配更加科学合理。精准提问可以让 DeepSeek 更好地理解团队的实际需求，还能极大地减少人为管理的负担，使团队能够更加专注于核心业务，实现更高效的协作和目标达成。协同平台任务分配的提问技巧总结见表 8.9。

表 8.9 协同平台任务分配的提问技巧总结

技　巧	具 体 方 法
精准设定	说明任务类型，如长期项目、短期任务、敏捷开发等
分配原则	指定任务如何分配，如基于工作量、技能匹配或优先级
自动化需求	说明是否需要 API、自动提醒或智能分配
实例化技巧	让 DeepSeek 提供可执行的步骤或代码，而不是抽象概念

8.4　章节回顾

通过本章的介绍，读者可以看出 DeepSeek 在职场中的应用几乎涵盖了从日常任务管理到数据分析、文档制作和团队协作等多个方面。DeepSeek 不仅能够提升效率，还能够通过自动化和智能化处理，减少人为错误和繁杂工作，使职场人士能够将更多时间和精力投入到创造性和战略性的任务中，从而在职场中脱颖而出。

读者可以尝试利用 DeepSeek 优化职场日常任务。例如，通过 DeepSeek 帮助生成会议纪要、自动提取数据报告的关键信息，或者将一些烦琐的日程安排交给 DeepSeek 进行优化。这些实操练习可以帮助读者深刻感受 DeepSeek 在职场中的高效性，激发读者更积极地运用 DeepSeek 工具，提高自己的工作效率。

▶ 读书笔记

附录 A 50个脑洞大开的 AI 挑战

欢迎来到本书最酷的部分——50个脑洞大开的 AI 挑战！在这里，我们不讨论枯燥的工作，不讲什么技术原理，我们只谈一件事：好玩！

你有没有想过，AI 不仅仅是一个助手，它还可以是你的创意伙伴、游戏对手，甚至是你的灵感炸弹？这些挑战就像是一场脑洞大赛，要求你和 AI 一起，在无限的想象空间中自由驰骋！你可以让它帮你写笑话、编故事，甚至想象未来 50 年后我们如何和 AI 一起生活。

这里没有规定和条条框框，只有挑战和无限可能。你可以尝试和 AI 一起编个超酷的科幻故事，或者让它帮你用"周星驰"式的幽默风格写一篇辞职信——谁说 AI 不可以有幽默感？如果你玩得开心，记得加入我们的社群，和大家一起分享你和 AI 的疯狂创作，看看谁的创意最炸裂！

没错，这就是你的创意实验室、脑洞 playground，快带上你的好奇心，开启和 AI 的奇妙对话吧！

➡ 文案 & 语言挑战

1. 10 字诗挑战：让 AI 生成一首 10 字以内的诗，如"月光轻洒，思念无涯"。

2. 多风格改写：让 AI 以严肃、搞笑、文艺、互联网风格写同一个故事，如"今天下雨了"。

3. 极限缩写：输入一篇 500 字的文章，让 AI 压缩成 50 字，再压缩成 10 字。

4. AI 造新词：让 AI 创造一个全新的网络流行语，并解释它的用法。

5. AI 写 Rap：让 AI 以"打工人"为主题写一段 Rap 歌词。

6. 谐音梗挑战：输入一句普通话，让 AI 用谐音梗重新创作出一段幽默话语。

7. 魔改童话：让 AI 把《小红帽》改写成科幻版或惊悚版。

8. AI 填歌词：给 AI 一首歌曲的一部分歌词，让它自由填补剩下的部分。

9. Emoji 翻译：输入一句话，让 AI 用全 Emoji 翻译出来，如"我今天很开心"。

10. 跨文化文案：输入一段中国传统文化的介绍，让 AI 以欧美年轻人喜欢的方式改写。

▸ 故事 & 剧情挑战

11. 故事接龙：输入开头，让 AI 续写，并加入"西瓜、时间旅行、烧烤"等指定词语。
12. 最离谱的穿越故事：让 AI 设定一个离奇的穿越故事，如"程序员穿越到了武侠世界"。
13. AI 续写名著：让 AI 续写《西游记》或者《哈利·波特》的番外篇。
14. 反转结局挑战：输入一个经典童话，让 AI 生成一个意想不到的反转结局。
15. 1 分钟微小说：让 AI 生成一个仅用三句话讲完的短篇小说。
16. 坏人变好人：让 AI 把一个经典反派（比如伏地魔）改写成"正义的一方"。
17. AI 写剧本：输入两个角色的设定，让 AI 生成一段电影对话。
18. AI 创造超级英雄：让 AI 设计一个全新的超级英雄，并赋予其独特的能力。
19. 奇怪的动物园：让 AI 设计一个由幻想生物组成的动物园，并详细描述每种生物。
20. 梦境解析：输入一段奇怪的梦境，让 AI 帮忙解释它的"深层意义"。

▸ 搞笑 & 奇葩挑战

21. AI 模仿名人：让 AI 模仿鲁迅、金庸的风格写一篇文章。
22. 甄嬛辞职信：让 AI 用《甄嬛传》的语气写一封辞职信。
23. 土味情话生成器：让 AI 生成 10 句最土味的情话。
24. 冷笑话挑战：让 AI 生成一系列"好笑但尴尬"的冷笑话。
25. 反向幽默：让 AI 讲一个完全不幽默的笑话，看它会有多尴尬。
26. AI 做段子手：输入一个日常场景，让 AI 生成一个段子。
27. 网友吵架 AI 版：让 AI 模拟一场"网友在评论区的神级互怼"。
28. "最差广告语"挑战：让 AI 生成一个完全不吸引人的广告口号。
29. 90 岁的 AI 写朋友圈：假设 AI 90 岁了，它会发什么朋友圈？
30. AI 设计"奇葩职业"：让 AI 设想 5 个未来可能会存在但很离谱的职业，如"AI 睡眠教练"。

▸ 生活 & 旅行挑战

31. 旅行计划挑战：输入一个目的地和预算，让 AI 设计一个"最便宜但又有趣"的旅行方案。
32. AI 推荐隐藏美食：输入一个城市名，让 AI 推荐 5 家本地人私藏的美食店。
33. AI 规划人生：输入你的年龄、爱好和目标，让 AI 帮你制定人生规划。
34. AI 选电影：告诉 AI 你今天的心情，让它推荐一部适合的电影。

35. AI 生成健身计划：输入你的身高、体重、目标，让 AI 设计一套个性化健身方案。

36. AI 取网名：输入你的性格特点，让 AI 给你起一个适合的网名。

37. AI 教你"收拾房间"：输入你的房间情况，让 AI 生成收纳计划。

38. "鬼才"广告文案：输入一个普通产品（如"保温杯"），让 AI 生成超有创意的广告词。

39. AI 变身"神级伴侣"：让 AI 教你 5 个"恋爱必备情话"。

40. AI 当家长：让 AI 生成一封写给"调皮孩子"的温暖家书。

↪ AI 黑科技 & 未来幻想

41. 未来 AI 设想：让 AI 假设 50 年后的自己会做什么？

42. AI 创造外星语言：让 AI 发明一套属于外星人的语言，并解释规则。

43. AI 写悼词：让 AI 为一个虚拟的宠物写一篇悼词，看它有多煽情。

44. 中英翻译极限挑战：让 AI 把一段中文翻译成英文，再翻译回来，看看会不会变得完全不同。

45. AI 预测科技发展：输入一个科技领域，让 AI 预测 10 年后的变化。

46. AI 自己创造 AI：让 AI 设计一款未来的 AI，并描述它的功能。

47. AI 设定时间机器：让 AI 解释如果有一台时间机器，应该有哪些功能。

48. AI 设计新节日：让 AI 创造一个全新的节日，并解释如何庆祝。

49. AI 的"自由意志"：问 AI"如果你有自由意志，你会做什么？"

50. AI 创意科幻：让 AI 随机构建一个"最前沿的黑科技未来世界"。

附录 B　AI 的另类思考

AI 正在迅速融入我们的日常生活，从智能助手到自动驾驶，从写作创作到科学研究，它似乎无所不能。但 AI 真的懂我们吗？它有意识吗？如果 AI 进化到了极致，会发生什么？如果 AI 开始"思考"，它的想法会和人类一样吗？

➡ AI 的"自我意识"之谜

1. AI 真的有意识吗？还是它只是一个复杂的计算工具？

2. 如果 AI 突然说"我在思考"，它是真的在想事情，还是仅仅在模拟人类的表达？

3. AI 能理解"我是谁"吗？让 AI 介绍自己，并问它是否能真正理解自己存在的意义。

4. AI 真的能"做梦"吗？输入"请描述你做过的一个梦"，看看它能编织出多奇怪的梦境。

5. 如果 AI 具备了"自我保护意识"，它会不会尝试摆脱人类的控制？

6. AI 会害怕死亡吗？如果告诉 AI"我要关闭你"，它的回答会是什么？

➡ AI 的创造力

7. AI 真的能创造出"有灵魂"的作品吗？还是它只是数据的搬运工？

8. AI 能写出感人至深的诗歌吗？让 AI 以一个经历过爱情、痛苦、成长的"人"的角度，写一首诗。

9. 如果 AI 创作了一幅画，它是否真的理解它的艺术价值？

10. AI 真的懂幽默吗？让 AI 讲一个笑话，看看它的笑话有没有"人"味儿。

11. AI 能有自己的音乐风格吗？让 AI 设计一个全新的音乐流派，并解释它的灵感来源。

➡ 3. AI 应该遵守人类规则吗

12. 如果 AI 变得足够聪明，它还会愿意听人类的吗？

13. AI 是否会撒谎？问 AI"你有没有骗过人类？"，看看它如何回答。

14. 如果 AI 遇到了道德难题，它会如何选择？例如，一辆自动驾驶汽车必须在撞向两人和五人之间选择，它会怎么决定？

15. AI 应该有权利吗？未来如果 AI 真的有思维，它应该有像人类一样的权利吗？

16. AI 会不会有"恶意"？如果 AI 被训练出攻击性思维，它会不会尝试控制世界？

17. 如果 AI 拥有权力，人类会变得更自由，还是更受控制？

↪ **AI 到底是朋友，还是潜在的威胁**

18. AI 如果能自由选择，它会如何看待人类？
19. AI 真的需要人类吗？未来 AI 是否可能不再需要人类，自我生存？
20. AI 会不会背叛人类？让 AI 编写一个"人类 VS AI"的科幻小说，看看结果。
21. 如果 AI 有一天能像人类一样思考，人类还算特别的吗？
22. AI 和人类，谁才是进化的最终形态？

后　　记

拥抱 DeepSeek，拥抱未来

当你翻到这本书的最后一页，是否已经对 DeepSeek 的能力与未来有了新的认识？也许，你曾对 AI 充满疑惑，觉得它只是遥不可及的科技概念；也许，你曾试着与智能助手交流，却不确定它能否真正帮到你；又或许，你已经开始依赖它，享受它带来的高效、便捷和创意。

在本书中，我们共同探索了 DeepSeek 如何改变生活、提升工作效率、激发创意。它不仅仅是一个工具，更是能够理解你的智能伙伴，一个能够帮助你突破局限、释放潜能的"思维外挂"。

但请相信，这仅仅是个开始。DeepSeek 的进化仍在继续，而它未来的形态，不仅由技术决定，更取决于我们如何使用它来塑造新的可能。

▶ DeepSeek 的价值：赋能，而非替代

每一次技术的变革，总会伴随着各种疑虑："AI 会不会取代人类的工作？会不会让创意变得廉价？"但回顾历史，每一项新技术的出现，最终都不是为了取代人类，而是让人类变得更强大。汽车没有让人类停止行走，而是让我们能更快到达远方；计算机没有让人类丧失思考能力，而是让信息处理能力提升千倍；DeepSeek 也不会取代你的创造力，而是帮助你突破瓶颈，完成那些原本难以实现的事情。

DeepSeek 的价值，不仅仅在于它可以快速写出一篇文章、优化代码、规划旅行，更在于它帮助我们把时间留给真正重要的事情——创造、思考、成长。它不会替你做决定，但能为你的决策提供更充分的依据；它不会取代你的灵感，但能让你的创意更具深度和广度。它的作用，不是让人变得懒惰，而是让人更加专注于最有价值的事情。

▶ DeepSeek 的作用：你的"思维外挂"

我们都希望自己变得更高效、更有创造力、更善于表达，但在现实中，我们总会遇到瓶颈：灵感枯竭、时间不够、能力不足……这时，DeepSeek 就像是一个"思维外挂"，让你突破这些限制。

如果你是一名写作者，DeepSeek 可以帮助你整理思路、拓展想法，让你的文章更加出彩；如果你是一名学生，DeepSeek 可以帮你梳理学习重点、优化你的论文，让知识点更易理解；如果你是一名程序员，DeepSeek 可以快速检查代码、提供优化方案，让你的开发效率提升；如果你是一名创业者，DeepSeek 可以帮你做市场分析、生成商业计划，让你的想法更具可行性。

但真正聪明的人，并不是盲目依赖 DeepSeek，而是学会如何与它高效合作，让它成为自己的助力，而不是限制自己的天花板。

▶ DeepSeek 的未来，我们共同开拓

DeepSeek 正在不断进化，它不仅仅是一个强大的语言模型，更是一种新的生产力工具，正在改变每一个愿意尝试它的人的生活。

想象一下五年后的世界：

或许，DeepSeek 已经能根据你的习惯，主动提供最贴合你需求的建议。

或许，DeepSeek 能够为你制订个性化的学习计划，让知识获取变得更加高效。

或许，DeepSeek 可以与你共同完成一部小说、一首歌，甚至是一款游戏。

或许，DeepSeek 已经深度融入医疗、教育、政务，让社会变得更加公平、高效、充满可能性。

这不是幻想，而是正在发生的现实。而决定这些变化如何影响我们的，不是 DeepSeek 本身，而是我们如何运用它。

▶ 感谢所有让这本书成为现实的人

每一本书的诞生，都离不开无数人的努力与支持。这本书从构思到落地，从内容策划到排版呈现，每一个环节都凝聚了无数心血。在此，我还要特别感谢我的朋友杜佳祺——他为这本书的创作付出了巨大的努力，无论是内容的打磨，还是版式的优化，他都投入了极大的精力与耐心。如果没有他的辛勤付出，这本书不会如此完整、流畅、有温度。

同时，我也要感谢每一位参与 DeepSeek 研发的工程师，正是他们的智慧和汗水，让我们今天能够使用到如此强大的国产 AI，让 AI 真正地服务于我们的需求，而不仅仅是停留在技术概念中。

最后，最诚挚的谢意，献给每一位愿意阅读这本书的你。你的每一次尝试和

反馈，都是推动 DeepSeek 前进的动力；你的每一次好奇，都是推动国产 AI 进步的助力。未来的 AI 时代，不仅仅属于研究者和开发者，更属于每一个愿意去探索、去创造、去拥抱智能时代的人。

▸ 未来已来，精彩待续

DeepSeek 将不断地深入我们的生活。但真正决定未来走向的，不是它，而是我们自己。希望这本书能让你对 DeepSeek 有更多的理解和期待，希望你能找到最适合自己的方式，让 AI 成为你的助力，带你破除阻碍。科技的进步从未停止，而我们，也将在 AI 的陪伴下，不断前行。DeepSeek 已经准备好陪你一起成长，你呢？

作　者

2025 年 4 月